建筑工程质量检验 （第2版）

JIANZHU GONGCHENG ZHILIANG JIANYAN

王 卓 主 编

国家开放大学出版社·北京

图书在版编目（CIP）数据

建筑工程质量检验/王卓主编. —2 版. —北京：
国家开放大学出版社，2022.7

ISBN 978 – 7 – 304 – 11382 – 7

Ⅰ. ①建…　Ⅱ. ①王…　Ⅲ. ①建筑工程 – 工程质量 –
质量检验 – 开放教育 – 教材　Ⅳ. ①TU712. 3

中国版本图书馆 CIP 数据核字（2022）第 106498 号

建筑工程质量检验（第 2 版）

JIANZHU GONGCHENG ZHILIANG JIANYAN

王　卓　主编

出版·发行：国家开放大学出版社
电话：营销中心 010 – 68180820　　　　总编室 010 – 68182524
网址：http://www.crtvup.com.cn
地址：北京市海淀区西四环中路 45 号　　　邮编：100039
经销：新华书店北京发行所

策划编辑：邹伯夏　　　　　　　版式设计：何智杰
责任编辑：陈艳宁　　　　　　　责任校对：张　娜
责任印制：武　鹏　陈　路

印刷：北京京华铭诚工贸有限公司
版本：2022 年 7 月第 2 版　　　　2022 年 7 月第 1 次印刷
开本：787mm×1092mm　1/16　　印张：14.5　字数：319 千字

书号：ISBN 978 – 7 – 304 – 11382 – 7
定价：36.00 元

Preface | 前 言

本书内容紧扣土木建筑类专业人才培养目标，以质量员、施工员、监理员等建筑工程施工现场专业人员的岗位能力培养为导向，以专业知识、岗位技能、自主学习能力及综合素质培养为课程目标，紧密结合现行的国家及行业标准、规范。

本书内容与实际建筑工程的施工现场管理和质量控制联系紧密，分部工程的施工质量检验是本书的主要内容，具体包括建筑工程质量控制和检验概述，地基与基础工程、混凝土结构工程、砌体结构工程、建筑装饰装修工程、建筑地面工程、屋面工程、建筑围护结构节能工程等的质量控制要点和检验标准。

本书的教学设计具有以下特点：

（1）本着"以项目为导向、以任务为驱动"的教学理念，将书中内容与实际建筑工程施工质量控制和检验的工作过程紧密联系。

（2）以"施工质量控制和检验的工作过程"为导向，将建筑工程施工质量控制要点和检验标准作为核心内容。

（3）内容组织以"项目概述—学习目标—依托标准—学习任务—典型案例—巩固练习"为线，遵循学生的认知规律。

（4）以历年全国建造师执业资格考试"建筑工程管理与实务"科目部分真题和典型工程事故作为案例，共精选案例38个。通过典型案例及其音频解析（学生可通过扫描书中二维码获取），打通知识学习到能力培养的通道，同时在音频解析中融入课程思政元素。

本书可作为高等职业教育和继续教育建筑工程技术、建设工程管理等专业的教学用书，也可作为土木建筑类其他层次教育相关专业的培训教材和土建工程技术人员的参考用书。

本书由国家开放大学王卓主编，山西大学常积玉和范建洲、山西开放大学武继灵、国家开放大学曹珊珊参与编写。具体编写分工为：项目1、项目2由常积玉、武继灵共同编写，项目3、项目4、项目5由王卓编写，项目6、项目7由曹珊珊、王卓共同编写，项目8由范建洲编写，典型案例部分由王卓、曹珊珊共同编写和录制。全书由王卓统一修改定稿。全书由华北电力大学赵振宇教授担任主审，感谢赵振宇教授、中国建筑科学研究院常乐研究员、北京交通大学贾英杰副教授对全书进行详细审阅，并提出宝贵意见。

本书引用了大量有关专业的文献资料，未在书中一一注明出处，在此对文献的作者表示感谢。

由于编者水平有限，加之时间仓促，书中难免存在错误和不足之处，恳请广大读者与同行批评指正。

编者

2022.4

Contents | 目　录

全书 38 个典型案例明细表

项目	案例编号	对应知识点	所在页码
项目1 绪论	1－1	建筑工程质量验收的划分	14
	1－2	建筑工程质量验收的一般标准	18
	1－3		18
	1－4	建筑工程质量验收的程序和组织	20
	1－5		20
	1－6	建筑工程质量员的职业标准	24
项目2 地基与基础工程质量检验	2－1	土方工程施工的一般规定	30
	2－2	土方开挖工程质量检验	31
	2－3		32
	2－4	土方堆放工程质量检验	33
	2－5	土方回填工程质量检验	36
	2－6		36
	2－7	桩基础工程施工的一般规定	53
	2－8	钢筋混凝土灌注桩施工质量控制与检验	56
	2－9	地基与基础工程验收	59
项目3 混凝土结构工程质量检验	3－1	混凝土结构工程质量检验的基本规定	63
	3－2	模板分项工程质量检验	66
	3－3		66
	3－4	钢筋分项工程质量检验	72
	3－5	预应力分项工程质量检验	76
	3－6	混凝土分项工程质量检验	79
	3－7		79
	3－8	结构实体检验	86
	3－9	混凝土结构子分部工程验收	87
项目4 砌体结构工程质量检验	4－1	砖砌体分项工程质量检验	97
	4－2	填充墙砌体分项工程质量检验	105
	4－3		105
项目5 建筑装饰装修工程质量检验	5－1	门窗工程质量检验	124
	5－2	幕墙工程质量检验	139
项目6 建筑地面工程质量检验	6－1	建筑地面工程施工质量控制要点	151
	6－2	砖面层铺设施工质量控制与检验	166
项目7 屋面工程质量检验	7－1	卷材防水层铺贴工程质量要求	190
	7－2	屋面工程验收	199
项目8 建筑围护结构节能工程质量检验	8－1	建筑围护结构节能分项工程的划分	208
	8－2	墙体节能工程质量检验	208
	8－3	幕墙节能工程质量检验	211
	8－4	围护结构现场实体检验	218
	8－5	建筑节能工程验收	220

项目 1 PROJECT 1

绪　论

项目概述

　　建筑工程质量是保证建筑物有效使用的基本条件，关系到国家经济发展和人民生命财产安全，是建筑的生命。建筑工程质量检验是工程建设质量控制中的一个重要环节，是保障工程质量的基础，是做好工程质量工作有效的、必要的技术保证。建筑工程质量检验工作的开展是否正常，直接关系到工程建设生产的安全，也关系到工程使用运营的安全，它是确保工程安全生产的重要内容，是关系人民群众生命财产安全的大事，对经济社会协调健康发展具有重要意义。为此，我国颁布了一系列建筑工程施工质量验收标准，以规范工程施工作业过程的质量要求，从而保证建筑工程的质量，维护公共安全和公众利益。本项目中，我们将主要学习建筑工程质量的控制、检验和验收的基础知识，建筑工程质量员的职业标准，以及本课程的主要内容及特点。

学习目标

1. 了解建筑工程质量控制的依据、过程、内容和方法。
2. 熟悉建筑工程质量检验的目的、内容和方法。
3. 了解国家现行施工质量验收规范的体系。

4. 熟悉建筑工程质量验收的划分原则、程序和组织。

5. 掌握检验批、分项工程、分部工程和单位工程的施工质量验收的一般规定。

6. 了解建筑工程质量员的工作职责及其应具备的专业技能和专业知识。

7. 了解本课程的主要内容及特点。

⬢ 依托标准

1. 《房屋建筑和市政基础设施工程质量检测技术管理规范》（GB 50618—2011）。

2. 《建筑工程施工质量验收统一标准》（GB 50300—2013）。

3. 《建筑工程检测试验技术管理规范》（JGJ 190—2010）。

4. 《建筑结构检测技术标准》（GB/T 50344—2019）。

5. 《建筑与市政工程施工现场专业人员职业标准》（JGJ/T 250—2011）。

任务 1.1 建筑工程质量控制概述

建筑工程是通过对各类房屋建筑及其附属设施的建造和与其配套的线路、管道、设备等的安装所形成的工程实体。建筑工程质量是建筑业永恒的主题，也是社会关注的热点。建筑工程质量控制是指为了确保达到合同、规范所规定的质量标准所采取的一系列检测和监控措施、手段和方法，也是一个从投入原材料的质量控制开始，直到完成工程质量检验为止的全过程的系统控制。

质量控制是质量管理的一部分，是致力于达到质量要求的一系列相关活动。质量控制是在明确质量目标的条件下通过行为方案和资源配置的计划、实施、检查和监督来实现预期目标的过程，其目的是实现预期的质量目标，使产品满足质量要求，有效预防不合格产品的出现。质量控制应贯穿产品形成的全过程。

建筑工程质量反映的是建筑工程满足相关标准规定或合同约定的要求，包括其在安全、使用功能以及在耐久性能、环境保护等方面所有明显和隐含的特征总和。建筑工程质量控制是指致力于满足工程质量要求，为保证工程质量所采取的一系列措施、方法和手段。下面依次介绍建筑工程质量控制的依据、实施主体、主要影响因素和按工程施工阶段划分的质量控制过程、按工程施工层次划分的质量控制过程。

1.1.1 建筑工程质量控制的依据

建筑工程质量控制的依据主要包括以下几种。

（1）国家现行的勘察、设计、施工等技术标准和规范。这些标准和规范可以分为国家标准（GB）、行业标准（JGJ）、团体标准（TB）、地方标准（DB）、企业标准（QB）等。这些标准是工程建设的依据，是整个工程建设全过程质量控制的基础，也是工程施工质量检验的依据。无论是国家标准还是行业标准，都是全国通用标准，属国家指令性技术文件，特别是全文强制标准中的条文，在建筑工程质量控制过程中应严格执行。

（2）工程资料。工程资料包括工程设计文件、施工图纸和设备技术说明书，以及图纸会审记录、设计变更和技术审定资料等。

（3）建设单位与参加建设各单位签订的相关合同。

（4）其他有关规定和文件。

1.1.2 建筑工程质量控制的实施主体

建筑工程质量控制的实施主体可分为自控主体和监控主体。前者是指直接从事质量职能的活动者，后者是指对他人质量能力和效果的监控者。建筑工程质量控制的实施主体主要包括以下几类单位。

1. 政府的有关单位

政府的有关单位属于监控主体，它主要以法律、法规为依据，通过抓工程报建、施工图设计文件审查、施工许可、材料和设备准用、工程质量监督、重大工程竣工验收备案等主要环节对工程质量实施控制。

2. 工程监理单位

工程监理单位属于监控主体，它主要是受建设单位的委托，代表建设单位对工程实施全过程的质量监督和控制，既包括勘察设计阶段的质量控制，也包括施工阶段的质量控制，以满足建设单位对工程质量的要求。

3. 勘察设计单位

勘察设计单位属于自控主体，它是以法律、法规及合同为依据，对勘察设计的整个过程进行控制，包括工作程序、工作进度、费用及成果文件所包含的功能和使用价值，以满足建设单位对勘察设计质量的要求。

4. 施工单位

施工单位属于自控主体，它是以工程合同、设计图纸和技术规范为依据，对施工准备阶段、施工阶段、竣工验收交付阶段等施工全过程的工作质量和工程质量进行控制，以达到合同文件规定的质量要求。

5. 检测单位

检测单位属于监控主体，它是受建设单位的委托，对建设工程、建筑构件、制品及现场所用的有关建筑材料、设备质量进行检测的法定单位。它在建设行政主管部门和政府质量技术监督部门的指导下开展检测工作，其出具的检测报告具有法定效力。

1.1.3 建筑工程质量的主要影响因素

全面的质量管理要坚持"预防为主、防治结合"的基本思路，将管理重点放在影响工程质量的人、机、料、法和环境等因素上面。

1. 人

人是工程质量活动的主体，包括参与工程建设的管理者和操作者。人的责任感、事业心、质量观、业务能力、技术水平等均直接影响工程质量的控制，多数质量安全事故都是由人的失误造成的。为此，建筑企业应始终坚持"以人为本"的原则，狠抓人的培训、教育，严格人的管理，避免人的失误，充分调动人的积极性，发挥人的主导作用，增强人的质量观和责任感，使每个人牢固树立"百年大计，质量第一"的思想，认真负责地做好本职工作。

2. 机

施工机械设备的选用，除了需要考虑施工现场的条件、建筑结构类型、机械设备性能等方面的因素外，还应结合施工工艺和方法、施工组织与管理，以及建筑技术经济等各种影响因素，进行多方案论证比较，力求获得较好的综合经济效益。

施工机械设备的选用，应着重从机械设备的选型、主要性能参数和使用操作要求三个方面予以控制。同时，施工单位要健全"人机固定"制度、"操作证"制度、岗位责任制度、交接班制度、"技术保养"制度、"安全使用"制度和机械设备检查制度等，确保机械设备处于最佳使用状态。

3. 料

建筑材料控制包括原材料、成品、半成品和构配件等的控制，应严把质量验收关，保证材料正确合理使用，建立管理台账，进行收、发、储、运等各环节的技术管理，避免混料和材料混用。

材料质量控制的内容包括材料质量标准、材料性能、材料取样、试验方法、材料的适用范围和施工要求等。材料质量检验一般采用书面检验、外观检验、理化检验和无损检验等方法。根据材料信息和保证资料的具体情况，材料的质量检验程度分为免检、抽检和全部检查三个级别。

4. 法

法是指施工工艺和方法，即施工项目建设期内所采取的技术方案、工艺流程、组织实施、检测手段和施工组织设计等。施工工艺和方法的选择和过程控制直接影响工程的质量。

5. 环境

影响工程项目施工质量的环境因素较多，主要包括工程技术环境、工程管理环境和劳动环境。环境因素对工程质量的影响具有复杂多变的特点，因此，根据工程特点和具体条件，施工单位应对影响工程质量的环境因素采取有效的控制措施，尤其是在施工现场，应建立文明施工和文明生产的环境，保持材料、工件的堆放有序，施工道路畅通，工作场所清洁整齐，施工程序井井有条，为确保工程的质量和安全创造良好条件。

1.1.4 按工程施工阶段划分的质量控制过程

为了加强对施工项目的质量控制，明确各施工阶段质量控制的重点，施工项目质量控制可分为事前质量控制、事中质量控制和事后质量控制三个阶段。

1. 事前质量控制

事前质量控制是指在正式施工前对各项准备工作及影响质量的各因素和有关方面进行质量控制。施工准备阶段的质量控制是一种前馈式控制，施工单位必须在事情发生之前采取控制措施，因此，要预先进行周密的质量计划，包括质量策划、管理体系、岗位设置，把各项质量职能活动，包括作业技术和管理活动建立在有充分能力、条件保证和运行机制的基础上。

2. 事中质量控制

事中质量控制是指在施工过程中对实际投入的生产要素质量及作业技术活动的实施状态和结果所进行的控制，控制方式包括质量活动主体的自我控制和他人监控。质量活动主体的自我控制是指作业者在作业过程中对自己的质量活动行为的约束和技术能力的发挥，以完成预定质量目标的作业任务，自我控制是第一位的。他人监控是指作业者的质量活动和结果接受来自企业内部管理者和企业外部有关方面的检查和验收，如建设方、政府质量监督部门、工程监理机构等的监控。施工阶段质量控制的目标是确保工序质量合格，杜绝质量事故发生。

在此阶段，施工单位要严格按照审批的施工组织设计进行施工，对技术要求高、施工难度大或采用新工艺、新材料、新技术的工序和部位必须设置质量控制点；对各项工序首次施工前须进行作业技术交底；在施工过程中通过巡视、旁站等措施检查各道工序质量；做好隐蔽工程的质量验收；做好自检、互检和交接检工作。

3. 事后质量控制

事后质量控制是指对通过施工过程所完成的某一工序、分项工程或分部工程的质量进行控制，以使不合格的工序或产品不流入后一道工序、不流入市场。事后质量控制的任务就是对质量结果进行评价和认定，对工序质量偏差进行纠正，对不合格产品进行整改和处理。

1.1.5 按工程施工层次划分的质量控制过程

通常情况下，任何一个大中型工程建设项目都可以划分为若干层次，包括单项工程、单位工程、分部工程和分项工程等，各层次之间具有施工先后顺序的逻辑关系。

1. 施工准备阶段的质量控制

施工准备阶段的质量控制是指在项目正式施工活动开始前，对项目施工各项准备工作及影响项目质量的各因素和有关方面进行的质量控制，其主要内容如下：

（1）设计交底。工程施工前，由设计单位向施工单位的有关技术人员进行设计交底，其主要包括以下几点。

① 地形、地貌、水文气象、工程地质及水文地质等自然条件。

② 施工图的设计依据，包括初步设计文件，规划、环境等要求，设计规范。

③ 设计意图，包括设计思想、设计方案比较、地基基础处理方案、结构设计意图、设备安装和调试要求、施工进度安排等。

④ 施工注意事项，包括对地基基础处理的要求，对建筑材料的要求，采用新结构、新工艺的要求，施工组织和技术保证措施等。

（2）图纸审核。图纸审核是设计单位和施工单位进行质量控制的重要手段，施工单位通过审查熟悉设计图纸，明确设计意图和关键部位的工程质量要求，发现和减少设计差错，保证工程质量。图纸审核的主要内容如下。

① 对设计者的资质进行认定。

② 设计是否满足抗震、防火、环境卫生等要求。

③ 图纸与说明是否齐全。

④ 图纸中有无遗漏、差错或相互矛盾之处，图纸表示方法是否清楚，是否符合标准要求。

⑤ 地质及水文地质等资料是否充分、可靠。

⑥ 所需材料来源有无保证，能否替代。

⑦ 施工工艺、方法是否合理，是否切合实际，是否便于施工，能否保证质量要求。

⑧ 施工图及说明书中涉及的各种标准、图册、规范和规程等，施工单位是否具备。

（3）采购质量控制。采购质量控制主要包括对采购产品及其供货方的质量控制。采购产品应符合设计文件、标准、规范、相关法规及承包合同要求，如果项目部另有附加的质量要求，也应予以满足。

（4）质量教育培训。通过教育培训和其他措施提高员工的能力，增强其质量意识和顾客意识，使其能够胜任所从事的质量工作。

2. 施工阶段的质量控制

（1）技术交底。按照工程重要程度，在单位工程开工前，企业或项目技术负责人应向承担施工的负责人或分包人进行全面技术交底。各分项工程施工前，项目技术负责人应向参加该项目施工的所有班组和配合工种进行技术交底。

技术交底的主要内容包括图纸交底、施工组织设计交底、分项工程技术交底和安全交底等。技术交底的形式有书面、口头、会议、挂牌、样板、示范操作等。

（2）测量控制。对于有关部门提供的原始基准点、基准线和参考标高等的测量控制点，应做好复核工作，经审核批准后，才能进行后续相关工序的施工。

在复测施工测量控制网时，应及时保护好已测定的场地平面控制网和主轴线的桩位，它是待建项目定位的主要依据，是保证整个施工测量精度、保证工程质量及工程项目顺利进行的基础。因此，应抽检建筑方格网、控制高程的水准点及标桩埋设位置等。

（3）材料控制。材料控制主要包括以下内容。

① 对供货方质量保证能力进行评定。

② 建立材料管理制度，减少材料损失、变质。

③ 对原材料、半成品和构配件进行标识。

④ 加强材料检查验收。

⑤ 对发包人提供的原材料、半成品、构配件和设备的质量进行检验。

⑥ 材料质量抽样和检验。

（4）机械设备控制。机械设备控制主要包括以下内容。

① 机械设备的使用形式选择，包括自行采购、租赁、承包和调配等。

② 注意机械配套。施工单位既要注意一个工种的全部过程和作业环节的机械配套，还要注意主导机械与辅助机械在规格、数量和生产能力上的配套。

③ 机械设备的合理使用。合理使用和按照要求正确操作机械设备是保证项目施工质量的重要环节。施工单位应贯彻"人机固定"原则，实行定人、定机、定岗位责任的"三定"制度。

④ 机械设备的保养与维修。

（5）环境控制。建立环境管理体系，实施环境监控，对影响施工项目质量的环境因素进行控制，其主要包括以下三类环境因素。

① 工程技术环境。工程技术环境包括工程地质、水文地质、气象等状况，施工时要对工程技术环境进行调查研究。

② 工程管理环境。工程管理环境包括质量管理体系、环境管理体系、安全管理体系和财务管理体系等，要保证这些体系的健全。

③ 劳动环境。劳动环境控制包括劳动组织、劳动工具管理、劳动保护与安全施工等方面的内容。

（6）计量控制。施工中的计量工作包括施工生产时的投料计量、施工测算监测计量，以及对项目、产品或过程的测试、检验和分析计量等。计量控制的主要任务是统一计量单位制度，组织量值传递，保证量值的统一。

（7）工序控制。工序亦称"作业"，它既是工程项目建设过程的基本环节，也是组织生产过程的基本单位。一道工序是指一个（或一组）工人在一个工地对一个（或几个）劳动对象（工程、产品、构配件）所完成的一切连续活动的总和。工序控制的实质是工序质量控制，即使工序处于稳定受控状态。

（8）特殊过程控制。特殊过程是指该施工过程或工序施工质量不易或不能通过其后的检验和试验而得到充分的验证，或者万一发生质量事故则难以挽救的施工过程。特殊过程是施工质量控制的重点，设置质量控制点就是要根据施工项目的特点，抓住影响工序施工质量的主要因素进行强化控制。

（9）工程变更控制。工程变更可能导致项目工期、成本及质量的改变，对于工程变更必须进行严格的管理和控制。在工程变更控制中，应考虑以下几个方面。

① 注意控制和管理那些能够引起变更的因素和条件。

② 分析论证工程变更的合理性和可行性。

③ 工程变更发生时，应对其进行严格的跟踪管理和控制。

④ 分析由工程变更引起的风险并采取必要的防范措施。

（10）成品保护。加强成品保护要从两个方面着手：一方面，需要加强教育，增强全体员工的成品保护意识；另一方面，需要合理安排施工工序，采取有效的保护措施。成品保护的具体措施如下。

① 护。护是指提前保护，防止成品的污染及损伤。例如，外檐水刷石大角或柱子要立板固定保护；为了防止清水墙面污染，应在相应部位提前钉上塑料布或纸板。

② 包。包是指进行包裹，防止成品的污染及损伤。例如，在喷浆前对电气开关、插座和灯具等设备进行包裹；铝合金门窗应用塑料布包扎。

③ 盖。盖是指表面覆盖，防止堵塞、损伤。例如，高级水磨石地面或大理石地面完成施工后，应用苫布覆盖；落水口、排水管安装好后应覆盖，以防堵塞。

④ 封。封是指局部封闭。例如，室内塑料墙纸、木地板油漆完成施工后，应立即锁门封闭；屋面防水完成施工后，应封闭上屋面的楼梯门或出入口。

3. 施工作业过程的质量控制

施工作业过程的质量控制就是对各道工序的施工质量进行控制。

（1）施工工序质量控制的要求如下。

① 坚持预防为主。事先分析并找出影响工序质量的主导因素，提前采取措施加以重点控制，防止质量问题的发生或将质量问题消灭在萌芽状态。

② 进行工序质量检查。利用一定的方法和手段，对工序操作及该道工序完成的可交付成果的质量进行检查、测定，并将实测结果与操作规程、技术标准进行比较，从而掌握施工工序质量状况。具体的检查方法有工序操作检查、质量巡查、抽查及重要部位的跟踪检查。

③ 按目测、实测及抽样试验程序，对工序产品、分项工程做出合格与否的判断。

④ 对合格工序产品应及时提交监理，经确认合格后予以签认验收。

⑤ 完善质量记录资料。质量记录资料主要包括各项检查记录、检测资料和验收资料。质量记录资料应真实、齐全、完整，它既可作为工程质量验收的依据，也可为工程质量分析

提供可追溯的依据。

（2）施工工序质量检查主要包括以下几点。

① 开工前检查。主要检查工程项目是否具备开工条件，开工后能否连续正常施工，能否保证工程质量。

② 工序交接检查。对于重要的工序或对工程质量有重大影响的工序，在自检、互检的基础上，还要组织专职人员对工序进行交接检查。

③ 隐蔽工程检查。凡是隐蔽工程均应检查认证后方能掩盖。

④ 停工后复工前的检查。因处理工程项目质量问题或某种原因停工后需复工时，应经检查认可后方能复工。

⑤ 分项、分部工程完工后的检查。分项、分部工程完工后，需经过检查认可，签署验收记录后，才能进行下一阶段的施工项目。

⑥ 成品保护检查。检查成品有无保护措施，或保护措施是否可靠。

此外，质量负责人还应经常深入现场，对施工操作质量进行巡视检查，必要时还应进行跟班或追踪检查，以确保工序质量满足工程需要。

4. 竣工验收阶段的质量控制

竣工验收是依据国家有关法律、法规及规范、标准的规定，全面考核建设工作成果，检查工程质量是否符合设计文件和合同约定的各项要求。竣工验收是建筑工程投入使用前的最后一次验收，也是最重要的一次验收，通过后，工程将投入使用。

（1）竣工验收合格条件。竣工验收合格条件有 5 个，除了构成单位工程的各分部工程应验收合格和质量控制资料应完整以外，还须进行以下 3 个方面的验收。

① 所含分部工程中有关安全、节能、环境保护和主要使用功能的检查资料应完整。

② 对主要使用功能进行抽查。

③ 由参加验收的各方人员共同对工程项目进行观感质量检查。

（2）对于工程质量缺陷，可采取以下处理方案。

① 修补处理。在建筑工程某些部分的质量虽然存在一定的缺陷而未达到规范、标准或设计要求，但是经过修补后可以达到标准的要求，在不影响使用功能和外观要求的情况下，可以做出修补处理的决定。

② 返工处理。当工程质量未达到规定的标准或要求，有十分严重的质量问题，对结构的使用和安全会产生重大影响，而又无法通过修补处理给予纠正时，可以做出返工处理的决定。

③ 限制使用。在工程质量缺陷按修补方式处理不能达到规定的使用要求和安全要求，而又无法返工处理的情况下，不得已时可以做出结构卸荷、减荷及限制使用的决定。

④ 不做处理。某些工程质量虽不符合规定的要求或标准，但情况不严重，经过分析、论证和慎重考虑后，可以做出不做处理的决定。具体情况包括不影响结构安全和正常使用的要求，经过后续工序可以弥补的不严重的质量缺陷，以及经复核验算，仍能满足设计要求的质量缺陷。

任务 1.2　建筑工程质量检验基础知识

建筑工程质量检验是保证工程质量的重要手段，不仅可以为工程设计提供参数，还可以为工程施工质量的控制、竣工验收评定及新材料和新技术的推广等提供科学依据。

1.2.1　检验的目的

检验是对被检验项目的特征、性能进行量测、检查、试验等，并将结果与标准规定的要求进行比较，以确定项目每项性能是否合格的活动。建筑工程质量检验的主要目的如下。

（1）用定量的方法，对各种原材料、成品或半成品科学地鉴定其质量是否符合国家质量标准和设计文件的要求，做出接收或拒收的决定，保证工程所用材料都是合格产品。

（2）对施工全过程进行质量控制和检验，保证施工过程中的每个部位、每道工序的工程质量均满足有关标准和设计文件的要求。

（3）通过各种试验、试配，经济合理地选用原材料，以取得良好的经济效益。

（4）对于新材料、新工艺、新技术，通过试验检测和研究，鉴定其是否符合国家标准和设计要求，为完善设计理论和施工工艺积累实践资料，为推广和发展新材料、新工艺、新技术提供科学依据。

（5）工程质量检验是预防和鉴定工程质量事故、评价工程质量缺陷的手段。通过实施符合程序的检验制度，增强各施工环节的质量意识。当出现质量事故时，通过检验提供事故判定的实测数据，以便准确判定其性质、范围和程度，合理评价事故损失和明确责任。

（6）分项工程、分部工程、单位工程完成后，均要对其进行适当的抽样检验，以便进行质量等级的评定。

（7）为竣工验收提供完整的检验证据。

（8）工程质量检验工作集试验检测基本理论、测试操作技能和土木工程相关学科的基础知识于一体，是工程设计参数选取、施工质量控制、工程验收评定、养护管理决策的主要依据。

1.2.2　检验的内容

建筑工程质量检验包括两个层面。一是目测了解结构或构件的外观质量，其中包括结构或构件是否有裂纹，混凝土结构表面是否存在蜂窝、麻面，钢结构焊缝是否存在夹渣、气泡，钢结构连接构件是否有松动等现象，其主要对工程结构的质量进行定性判别。二是通过仪器设备量测结构或构件的几何尺寸，检测各类原材料或构件的物理力学性能，实体检测结构或构件的力学性能等，对检测得到的数据进行统计、计算、分析和比较，来判定该项工程材料或施工质量指标是否达到规定的要求。

建筑工程质量检验主要包括建筑材料、构配件质量检验和工程施工质量检验两部分内容。

1. 建筑材料、构配件质量检验

建筑材料、构配件质量检验分为型式检验、出厂检验、进场检验和复验。建筑材料、构配件出厂必须进行型式检验、出厂检验和进场检验，必要时还应按规定取样复验。

（1）型式检验。型式检验是生产单位对定型产品或成套技术的全部性能及其适用性所做的检验。未通过鉴定的产品或未经型式检验合格的产品，不能投入批量生产和销售。型式检验应由生产单位委托有资质的检测机构进行并出具型式检验报告。

（2）出厂检验。出厂检验是生产单位为保证出厂产品质量，对产品各项技术性能进行控制的检验。产品必须经出厂检验合格后方可出厂，出厂检验应出具出厂检验报告。出厂检验应在型式检验结果有效期内进行，否则出厂检验结果无效。

（3）进场检验。建筑材料、构配件进场时应通过进场检验对其进行验收，检验内容包括产品的品种、规格型号、外观质量、尺寸偏差和数量，以及产品合格证、型式检验报告、出厂检验报告等。进场检验由施工单位和建设（监理）单位共同进行，供货单位应按合同约定参加重要材料、构件和设备的进场检验。进场检验应做好记录，由监理工程师（或建设单位代表）签字认可，并由施工单位归入工程技术档案。

（4）复验。对于重要结构所使用的建筑材料和构配件的进场检验，还要取样对其主要的物理力学性能进行复验，复验应委托有资质的检测机构进行，进场复验应在型式检验结果有效期内进行，否则进场复验结果无效。当进场材料、构配件的质量证明文件不全，不足以证明其符合设计要求或规程规定时，应对其主要的物理力学性能进行复验。

2. 工程施工质量检验

工程施工质量检验主要包括有数值限量要求的实测项目和有性能要求的检验项目，其检验方法主要有目测法、实测法和试验法。

（1）目测法。目测法的手段可归纳为看、摸、敲、照。看：根据质量标准进行外观目测。摸：手感检查，主要用于装饰工程的某些检查项目。敲：运用工具进行声感检查。照：对于难以看到或光线较暗的部位，则可采用镜子反射或灯光照射的方法进行检查。

（2）实测法。实测法即将实测数据与施工规范及质量标准所规定的允许偏差对照，从而判别工程质量是否合格。实测法的手段可归纳为靠、吊、量、套。靠：用直尺、塞尺检查墙面、地面、屋面等的平整度。吊：用托线板以及线锤吊线检查垂直度。量：用测量工具计量仪表等检查断面尺寸、轴线、标高等的偏差。套：以方尺套方，辅以塞尺检查。例如，对阴阳角的方正及预制构件的方正进行检查。

（3）试验法。试验法主要用于有物理、化学、力学及其他性能要求的检验项目。按检验机构的资质分类，试验法分为专项检验、见证检验和常规检验三类。其中，见证检验是指施工单位在工程监理单位或建设单位的见证下，按照有关规定从施工现场随机抽取试样，送至具备相应资质的检测机构进行检验的活动。

任务 1.3　建筑工程质量验收基础知识

建筑工程质量验收是保证工程质量的重要环节，是做好工程质量工作有效的、必要的技术保证，在施工单位自行检验合格的基础上，由工程质量验收责任方组织，工程建设相关单位参加，对检验批、分项工程、分部工程、单位工程及其隐蔽工程的质量进行抽样检验，对技术文件进行审核，并根据设计文件和相关标准以书面形式对工程质量是否达到合格做出确认。建筑工程质量验收包括施工过程的中间验收和施工完成后的竣工验收。

1.3.1　建筑工程质量验收的基本规定

建筑工程质量验收应按照"验评分离、强化验收、完善手段、过程控制"的指导原则进行，并应按下列要求进行验收。

（1）工程质量验收均应在施工单位自检合格的基础上进行。

（2）参加工程质量验收的各方人员应具备相应资格。

（3）检验批的质量应按主控项目和一般项目验收。其中检验批是指按相同的生产条件或按规定的方式汇总起来供抽样检验用的，由一定数量样本组成的检验体。

（4）对涉及结构安全、节能、环境保护和主要使用功能的试块、试件及材料，应在进场时或施工中按规定进行见证检验。

（5）隐蔽工程在隐蔽前应由施工单位通知监理单位进行验收，并应形成验收文件，验收合格后方可继续施工。

（6）对涉及结构安全、节能、环境保护和使用功能的重要分部工程，应在验收前按规定进行抽样检验。

（7）工程的观感质量应由验收人员现场检查，并应共同确认。

建筑工程施工质量的验收合格应符合工程勘察、设计文件的要求，同时还应符合《建筑工程施工质量验收统一标准》（GB 50300—2013）（以下简称《统一标准》）和与之配套使用的各专业验收规范的规定。建筑工程质量检验依据的专业规范主要有以下几种。

①《建筑地基基础工程施工质量验收标准》（GB 50202—2018）。

②《混凝土结构工程施工质量验收规范》（GB 50204—2015）。

③《砌体结构工程施工质量验收规范》（GB 50203—2011）。

④《钢结构工程施工质量验收标准》（GB 50205—2020）。

⑤《木结构工程施工质量验收规范》（GB 50206—2012）。

⑥《建筑装饰装修工程质量验收标准》（GB 50210—2018）。

⑦《建筑外墙防水工程技术规程》（JGJ/T 235—2011）。

⑧《建筑地面工程施工质量验收规范》（GB 50209—2010）。

⑨《屋面工程质量验收规范》（GB 50207—2012）。

⑩《地下防水工程质量验收规范》（GB 50208—2011）。

⑪《建筑给水排水及采暖工程施工质量验收规范》（GB 50242—2002）。

⑫《通风与空调工程施工质量验收规范》（GB 50243—2016）。

⑬《建筑电气工程施工质量验收规范》（GB 50303—2015）。

⑭《智能建筑工程质量验收规范》（GB 50339—2013）。

⑮《电梯工程施工质量验收规范》（GB 50310—2002）。

⑯《建筑节能工程施工质量验收标准》（GB 50411—2019）。

上述的前 10 部是涉及土建工程的专业规范，后 6 部是涉及建筑设备安装工程的专业规范，凡是名称中没有"施工"二字的规范，其主要内容除了施工质量方面以外，还含有设计质量的内容。《统一标准》作为整个验收规范体系的指导性标准，是统一和指导其余各专业施工质量验收规范的总纲。

1.3.2　建筑工程质量验收的划分

建筑工程质量验收划分为单位（子单位）工程、分部（子分部）工程、分项工程和检验批。

1. 单位（子单位）工程的划分

（1）具备独立施工条件并能形成独立使用功能的建筑物及构筑物为一个单位工程。

（2）建筑规模较大的单位工程，可将其能形成独立使用功能的部分划分为一个子单位工程。例如，具有综合使用功能的综合性建筑物，其中具备使用功能的某一部分可能提前投入使用，以便发挥投资效益。再如，某些规模特别大的工程，采用一次性验收、整体交付使用可能会带来不便，可将此类工程划分为若干个具备独立使用功能的子单位工程进行验收。

2. 分部（子分部）工程的划分

（1）分部工程的划分应按专业性质、建筑部位确定。

（2）当分部工程较大或较复杂时，可按材料种类、施工特点、施工程序、专业系统及类别等将其划分为若干个子分部工程。

建筑工程是由土建工程和建筑设备安装工程共同组成的，其中土建工程可以分为地基与基础、主体结构、建筑装饰装修、屋面等分部工程。

3. 分项工程的划分

分项工程应按主要工种、材料、施工工艺、设备类别等进行划分。分项工程是分部工程的组成部分，由一个或若干个检验批组成。

4. 检验批的划分

检验批可根据施工及质量控制和专业验收需要按楼层、施工段、变形缝等进行划分。检验批是工程质量验收过程中最基本的单元，将分项工程划分成检验批进行验收，有助于及时发现和处理施工中出现的质量问题，确保工程质量，也符合施工中的实际需要，便于具体操作。检验批通常按照以下原则进行划分。

（1）多层及高层建筑工程的分项工程可按楼层或施工段来划分检验批，单层建筑的分项工程可按变形缝等划分检验批。

（2）地基基础的分项工程一般划分为一个检验批，有地下层的基础工程可按不同地下层划分检验批。

（3）屋面工程的分项工程可按不同楼层屋面划分为不同的检验批。

（4）其他分部工程中的分项工程，一般按楼层划分检验批。

（5）对于工程量较少的分项工程可划为一个检验批。

（6）安装工程一般按一个设计系统或设备组别划分为一个检验批。

（7）室外工程一般划分为一个检验批。散水、台阶、明沟等含在地面检验批中。

地基基础中的土方工程、基坑支护工程及混凝土工程中的模板工程，虽不构成建筑工程实体，但因其是建筑工程施工中不可缺少的重要环节和必要条件，其质量如何，不仅关系到能否施工和施工安全性，而且关系到建筑工程的质量，因此将其列入施工验收的内容。

5. 室外工程的划分

室外工程可以根据专业类别和工程规模划分为道路、边坡、附属建筑和室外环境等子单位工程。目前，我国还没有针对室外工程的专门质量验收标准，其验收可参照相关分项工程的质量验收标准。

典型案例1-1解析

【典型案例1-1】①

某新建住宅工程项目，施工前，项目部根据该工程施工管理和质量控制需要，对分项工程按照工种等条件，检验批按照楼层等条件，制定了分项工程和检验批划分方案，报监理单位审核。

问：分项工程和检验批划分的条件还有哪些？

---

① 典型案例的解析采用音频讲解方式，学生可通过扫描二维码获取。

1.3.3 建筑工程质量验收的一般标准

1. 检验批质量验收

检验批是建筑工程质量验收的最小单位，是判定单位工程质量是否合格的基础。检验批质量验收包括资料检查、主控项目和一般项目检验。检验批的质量合格与否主要取决于对主控项目和一般项目的检验结果。检验批质量合格应符合下列规定。

（1）主控项目的质量经抽样检验均应合格。主控项目是指对检验批的基本质量具有决定性影响的检验项目，它反映了该检验批所属分项工程的重要技术性能要求，主控项目中所有子项必须全部符合各专业验收规范规定的质量指标，方能判定该主控项目质量合格。反之，只要其中某一子项甚至某一抽查样本在检验后达不到要求，即可判定该检验批质量不合格，则该检验批被拒收。换言之，主控项目中某一子项甚至某一抽查样本的检查结果为不合格时，即行使对检验批质量的否决权。

主控项目涉及的内容如下。

① 建筑材料、构配件及建筑设备的技术性能及进场复检要求。

② 涉及结构安全、使用功能的检测、抽查项目，如试件的强度、挠度和承载力，外窗的抗风压性能、气密性和水密性要求等。

③ 任意一个抽查样本的缺陷都可能会造成致命影响，须严格控制的项目如桩的位移、钢结构轴线、电气设备的接地电阻等。

（2）一般项目的质量经抽样检验合格。一般项目是指除主控项目外，对检验批质量有影响的检验项目，当其中缺陷（指超过规定质量指标的缺陷）的数量超过规定的比例，或样本的缺陷程度超过规定的限度后，会对检验批质量产生影响。它反映了该检验批所属分项工程的一般技术性能要求。一般项目的合格判定条件是抽查样本的 80% 及以上（个别项目为 90% 及以上）符合各专业验收规范规定的质量指标，其余样本的缺陷通常不超过规定允许偏差的 1.5 倍（个别规范规定为 1.2 倍），具体应根据各专业验收规范的相关规定执行。

（3）具有完整的施工操作依据和质量验收记录。检验批施工操作依据的技术标准应符合设计、验收规范的要求，如果采用企业标准，则不能低于国家、行业标准。有关质量检查的内容、数据、评定，由施工单位项目专业质量检查员填写，检验批验收记录及结论由监理单位项目专业监理工程师填写完整。

2. 分项工程质量验收

分项工程由性质、内容一样的检验批汇集而成，分项工程质量验收是在检验批质量验收的基础上进行的，实际上是一个汇总统计的过程，并无新的内容和要求。分项工程质量验收时，应核对检验批的部位是否全部覆盖分项工程的全部范围，有无缺漏部位未被验收。另外，应检查检验批质量验收记录的内容及签字人是否正确、齐全。

分项工程质量验收合格应符合的规定是所含检验批的质量均应验收合格，以及所含检验批的质量验收记录应完整。

3. 分部（子分部）工程质量验收

当分部工程仅含一个子分部时，应在分项工程质量验收基础上直接对分部工程进行质量验收；当分部工程含有两个及两个以上子分部工程时，则应在分项工程质量验收的基础上先行对子分部工程分别进行质量验收，再将子分部工程汇总成分部工程。

分部（子分部）工程质量验收合格应符合下列规定。

（1）所含分项工程的质量均应验收合格。在实际验收中，这项内容仅是一项统计工作，应注意以下情况。

① 检查每个分项工程质量验收是否正确。

② 检查所含分项工程是否有漏缺或没有进行验收。

③ 检查分项工程的验收资料是否完整，每个验收资料的内容是否有缺漏项，以及分项验收人员的签字是否齐全及符合规定。

（2）质量控制资料应完整。这项验收内容实际上也是统计、归纳和核查，主要包括以下3个方面。

① 核查和归纳各检验批的验收记录资料，查看其是否完整。有些龄期要求较长的检测资料在分项工程质量验收时尚不能及时提供，应在分部（子分部）工程质量验收时进行补查。

② 检验批质量验收时，检验批资料准确、完整，方能对其开展验收。对在施工中质量不符合要求的检验批、分项工程按有关规定进行处理后的资料归档审核。

③ 注意核对各种资料的内容、数据及验收人员签字的规范性。

（3）有关安全、节能、环境保护和主要使用功能的抽样检验结果应符合相应规定。涉及安全、节能、环境保护和主要使用功能的地基与基础、主体结构和设备安装工程等分部工程，应进行有关的见证检验或抽样检验，抽检项目在各专业质量验收规范中均有明确规定，验收时应注意做好以下3个方面的工作。

① 检查各验收规范中规定的检测项目是否都已验收，未进行检测的项目应该查清原因并做出处理，确保质量。

② 检查各项检测记录（报告）的内容、结果是否符合要求，包括检测项目的内容、所遵循的检测方法标准，以及检测结果数据是否达到规定的标准。

③ 核查资料是否是由有资质的机构出具的，其检测程序，有关的取样人、审核人、试验负责人，以及盖章、签字是否齐全等。

（4）观感质量应符合要求。观感质量验收是指在分部工程所含的分项项目完成后，在前3项验收合格的基础上，对已完工部分工程的质量采用目测、触摸和简单量测等方法所进行的一种宏观检查方式。由于其检查的内容和质量指标已包含在各个分项工程内，所以对分部工程进行观感质量检查和验收，并不增加新的项目，只是转换一下角度，采用更直观、便捷的方法，对工程质量从外观上做一次重复的、扩大的、全面的检查，这是由建筑工程的特点所决定的，也是十分必要的。

对分部工程进行观感质量验收的目的和作用如下。

① 尽管分部工程所含的分项工程都已经过检查和验收，但随着时间的推移、气候的变化、荷载的递增等，可能会出现质量变异的情况。

② 弥补由抽样方案局限造成的检查数量不足，进一步检查后续施工部位原先检查不到的缺陷，扩大检查面。

③ 通过对专业分包工程的质量验收和评价，分清质量责任，减少质量纠纷，既促进专业分包队伍技术素质的提高，又增强后续施工对产品的保护意识。

观感质量验收并不给出"合格"或"不合格"的结论，而是给出"好""一般"和"差"的质量评价结果。"好"是指在质量符合验收规范的基础上能达到精致、流畅、匀净的要求，精度控制好；"一般"是指经观感质量检查能符合验收规范的要求；"差"是指质量不够稳定，离散性较大，给人以粗疏的印象。对"差"的检查点应进行返修处理。观感质量验收若发现有影响安全、功能的缺陷，或有超过偏差限值或明显影响观感效果的缺陷，则应处理后再评价。

观感质量的验收和评价，应在施工企业先行自检合格后，由监理单位完成。参加评价的人员应具有相应的资格，由总监理工程师组织，且不少于 3 位监理工程师检查。在听取其他参加人员的意见后，其共同做出评价，但总监理工程师的意见应为主导意见。评价时可分项目逐项评价，也可按项目进行宏观方面的综合评价，最后对分部（子分部）工程做出评价结论。

4. 单位（子单位）工程质量验收

单位工程未划分子单位工程时，应在分部工程质量验收的基础上直接对单位工程进行质量验收；当单位工程划分为若干子单位工程时，则应在分部工程质量验收的基础上先进行子单位工程质量验收，再将子单位工程汇总成单位工程进行质量验收。

单位（子单位）工程质量验收合格应符合下列规定。

（1）所含分部工程的质量均应验收合格。

（2）质量控制资料应完整。

（3）所含分部工程中有关安全、节能、环境保护和主要使用功能的检验资料应完整。

（4）主要使用功能的抽查结果应符合相关专业验收规范的规定。

（5）观感质量应符合要求。

5. 建筑工程施工质量不符合要求时的处理规定

（1）经返工或返修的检验批，应重新进行验收。

（2）经有资质的检测机构检测鉴定能够达到设计要求的检验批，应予以验收。

（3）经有资质的检测机构检测鉴定达不到设计要求，但经原设计单位核算认可，能够满足安全和使用功能的检验批，可予以验收。

（4）经返修或加固处理的分项、分部工程，满足安全及使用功能要求时，可按技术处理方案和协商文件的要求予以验收。

（5）经返修或加固处理仍不能满足安全或重要使用要求的分部工程及单位工程，严禁验收。

（6）当部分工程质量控制资料缺失时，应委托有资质的检测机构按有关标准进行相应的实体检验或抽样检验。

典型案例 1-2 解析

【典型案例 1-2】

某施工单位中标一汽车修理厂项目，包括 1 栋七层框架结构的办公楼、1 栋钢结构的车辆维修车间及相关配套设施。维修车间主体结构完成后，总监理工程师组织了主体分部验收，质量为合格。

问：分部工程质量验收合格的规定是什么？

典型案例 1-3 解析

【典型案例 1-3】

某新建办公楼工程，建设单位项目负责人组织对工程进行检查验收，施工单位分别填写了"单位工程竣工验收记录表"中的"验收记录""验收结论""综合验收结论"意见。"综合验收结论"为"合格"。参加验收单位人员分别进行了签字。政府质量监督部门认为一些做法不妥，要求改正。

问："单位工程竣工验收记录表"中"验收记录""验收结论""综合验收结论"应该由哪些单位填写？"综合验收结论"应该包含哪些内容？

1.3.4 建筑工程质量验收的程序和组织

1. 检验批及分项工程的质量验收

检验批应由专业监理工程师组织施工单位项目专业质量检查员、专业工长等进行验收。分项工程应由专业监理工程师组织施工单位项目专业技术负责人等进行验收。验收前，施工单位应先填好检验批和分项工程的质量验收记录表，并由项目专业质量检查员和项目专业技术负责人分别在检验批和分项工程质量验收记录表的相关栏目签字，然后由专业监理工程师组织，并严格按规定程序进行验收。

2. 分部工程的质量验收

分部工程应由总监理工程师组织施工单位项目负责人和项目技术负责人等进行验

收。就房屋建筑工程而言，在所包含的 10 个分部工程中，参加验收的人员可有以下 3 种情况。

（1）除地基基础、主体结构和建筑节能 3 个分部工程外，其他 7 个分部工程的验收组织相同，即由总监理工程师组织，施工单位项目负责人和项目技术负责人等人员参加。

（2）由于地基基础分部工程情况复杂，专业性强，且关系到整个工程的安全，为保证质量，严格把关，勘察、设计单位项目负责人应参加验收，施工单位的技术部门、质量部门负责人也应参加验收。

（3）由于主体结构直接影响使用安全，而建筑节能是基本国策，直接关系到国家资源战略、可持续发展等，故对这两个分部工程，设计单位项目负责人应参加验收，施工单位的技术部门、质量部门负责人也应参加验收。

参加验收的人员，除指定的人员必须参加验收外，其他相关人员可共同参加验收。由于各施工单位的机构和岗位设置不同，施工单位技术、质量负责人允许是两位人员，也可以是一位人员。勘察、设计单位项目负责人应为勘察、设计单位负责本工程项目的专业负责人，不应由与本项目无关或不了解本项目情况的其他人员、非专业人员代替。

3. 施工单位自检

单位工程完工后，施工单位首先要依据验收规范或标准、设计图纸等组织有关人员进行自检，对检查发现的问题进行必要的整改。监理单位应对工程进行竣工预验收。符合规定后由施工单位向建设单位提交工程竣工报告和完整的质量控制资料，申请建设单位组织竣工验收。

4. 工程竣工预验收

工程竣工预验收由总监理工程师组织，各专业监理工程师参加，施工单位由项目经理、项目技术负责人等参加，其他各单位人员可不参加。竣工预验收除参加人员与竣工验收不同外，其方法、程序、要求等均与工程竣工验收相同。竣工预验收的表格格式可参照工程竣工验收的表格格式。

5. 工程竣工验收

建设单位收到施工单位提交的竣工报告后，由建设单位项目负责人组织监理、施工、设计、勘察等单位项目负责人进行单位工程质量验收。由于勘察、设计、施工、监理单位都是责任主体，因此各单位项目负责人应参加验收。考虑到施工单位对工程负有直接生产责任，而施工项目部不是法人单位，故施工单位的技术、质量负责人也应参加验收。

在一个单位工程中，对满足生产要求或具备使用条件，施工单位已自行检验，监理单位已预验收的子单位工程，建设单位可组织进行验收。由几个施工单位负责施工的单位工程，当其中的子单位工程已按设计要求完成，并经自行检验，也可按规定的程序组织正式验收，办理交工手续。在整个单位工程质量验收时，已验收的子单位工程验收资料应作为单位工程质量验收的附件。

当单位工程由分包单位施工时，分包单位在对承建的项目进行检验时，总承包单位应参加。检验合格后，分包单位应将工程的有关资料整理完整后移交给总承包单位。建设单位组织单位工程质量验收时，分包单位负责人应参加。

当参加验收各方对工程质量验收意见不一致时，可请当地建设行政主管部门或工程质量监督机构协调处理。

单位工程质量验收合格后，建设单位应在规定时间内将工程竣工验收报告和有关文件报建设行政主管部门备案。建设工程竣工验收备案制度是加强政府监督管理，防止不合格工程流向社会的一个重要手段。建设单位应依据《建设工程质量管理条例》和中华人民共和国住房和城乡建设部的有关规定，到县级以上人民政府建设行政主管部门或其他有关部门备案，否则不允许投入使用。

典型案例1-4解析

【典型案例1-4】

某工程完工后，施工总承包单位自检合格，再由专业监理工程师组织了竣工预验收。针对预验收所提出的问题，施工单位整改完毕，总监理工程师及时向建设单位申请工程竣工验收，建设单位认为程序不妥拒绝验收。

问：竣工验收程序有哪些不妥之处？写出相应正确做法。

典型案例1-5解析

【典型案例1-5】

某项目通过竣工验收后，建设单位、监理单位、设计单位、勘察单位、施工总承包单位与分包单位会商竣工资料移交方式，建设单位要求各参建单位分别向监理单位移交资料，监理单位收集齐全后统一向城建档案馆移交。监理单位以不符合程序为由拒绝。

问：针对本工程的参建各方，正确的竣工资料移交程序是怎样的？

任务1.4　建筑工程质量员的职业标准

建筑工程的施工过程体现在一系列作业活动中，作业活动的效果将直接影响施工的质量。建筑工程质量员的质量控制工作主要体现在对作业活动的控制上。质量员应对工程施工现场质量管理实施全面负责，因此，质量员应具备的素质及相应的职责尤为重要。

质量员要对施工过程进行全过程、全方位的质量监督、控制与检查。就整个施工过程而言，质量员可按事前、事中、事后进行控制；就一个具体作业而言，质量员的控制与管理工作仍涉及事前、事中及事后。质量员的质量控制主要围绕影响工程施工质量的因素进行。

1.4.1 质量员的基本素质要求

按照全面质量管理的观点，要保证工程质量，必须实行全企业、全员、全过程的质量管理。工程质量是施工企业各部门、各环节、各项工作质量的综合反映，质量保证工作的中心是认真履行各自的质量职能，因此，建立各部门、各级人员的质量责任制是十分必要的。质量责任制要目标明确，职责分明，责权一致，避免互不负责、互相推诿，贻误或影响质量保证工作。

建筑工程质量员的人选很重要，其必须具备以下素质。

（1）足够的专业知识。质量员的工作具有很强的专业性和技术性，必须由专业技术人员来承担，一般要求应连续从事本专业工作三年以上。此外，质量员应熟悉设计、施工、材料、测量、计量、检验、评定等各方面的专业知识。

（2）较强的管理能力和一定的管理经验。质量员是现场质量监控体系的组织者和负责人，具有一定的组织协调能力是非常必要的，一般应有两年以上的管理经验，才能胜任质量员的工作。

（3）很强的工作责任心。质量员除派专人担任外，还可以由技术员、项目经理助理、内业技术员等其他工程技术人员担任，但是都应具备很强的工作责任心。

1.4.2 质量员的工作职责

建筑工程质量员负责工程施工现场的全部质量控制工作，明确质量控制系统中每名参与人员的职责；负责施工现场各组织部门的各类专项质量控制工作的执行；负责向工程项目班子所有成员介绍该工程项目的质量控制制度，并负责指导和保证此项制度的实施。

建筑工程质量员通过质量控制来保证工程建设满足技术规范和合同规定的质量要求，具体工作职责主要体现在质量计划准备、材料质量控制、工序质量控制、质量问题处置和质量资料管理5个方面。

1. 质量计划准备

质量员配合项目经理参与进行施工质量策划和质量管理制度的制定，根据工程项目特点，结合工程质量目标、工期目标，建立质量控制系统，制定现场质量检验制度、质量统计报表制度、质量事故处理报告制度、质量文件管理制度等，并协助分包单位完善其他现场质量管理制度，以保证整个工程项目保质保量地完成。

2. 材料质量控制

（1）参与材料、设备的采购，控制其质量，考核材料供应商。其中，材料是指工程材料，不包括周转材料；设备是指建筑设备，不包括施工设备。

（2）负责核查进场材料、设备的质量保证资料，监督进场材料的抽样复验。进场材料和设备的质量保证资料包括产品清单、产品合格证、质保书、准用证、检验报告、复检报告、生产厂家的资信证明及国家和地方规定的其他质量保证资料。

（3）负责监督、跟踪施工试验，负责计量器具的符合性审查。施工试验包括材料试验、钢筋（材）连接强度检验、土工试验、桩基检测试验、结构及设备系统的功能性试验，以及国家和地方规定需要进行试验的其他项目。计量器具的符合性审查主要包括计量器具是否按照规定进行送检、标定，检测单位的资质是否符合要求，受检器具是否进行有效标识等。

3. 工序质量控制

（1）参与施工图会审和施工方案审查。

（2）参与制定工序质量控制措施。工序质量是指每道工序完成后的工程产品质量，工序质量控制措施由项目技术负责人主持制定，质量员参与。

（3）负责工序质量检查和关键工序、特殊工序的旁站检查，参与交接检验、隐蔽验收、技术复核。关键工序是指在施工过程中对工程的主要使用功能、安全状况有重要影响的工序。特殊工序是指在施工过程中对工程主要使用功能不能由后续的检测手段和评价方法加以验证的工序。

（4）负责检验批和分项工程的质量验收、评定，参与分部工程和单位工程的质量验收、评定。

4. 质量问题处置

（1）参与制定质量通病预防和纠正措施。

（2）负责监督质量缺陷的处理。

（3）参与质量事故的调查、分析和处理。

质量通病、质量缺陷和质量事故统称为质量问题。质量通病是建筑工程中经常发生的、普遍存在的一些工程质量问题，质量通病预防和纠正措施由项目技术负责人主持制定，质量员参与。质量缺陷是施工过程中出现的较轻微的、可以修复的质量问题，质量缺陷的处理由施工员负责，质量员进行监督、跟踪。质量事故则是造成较大经济损失甚至一定人员伤亡的质量问题。对于质量事故，应根据其损失的严重程度，由相应级别建设行政主管部门牵头调查处理，质量员应按要求参与。

5. 质量资料管理

质量员在质量资料管理中的职责如下。

（1）进行或组织进行质量检查的记录。

（2）负责编制或组织编制本岗位相关技术资料。

（3）汇总、整理本岗位相关技术资料，并向资料员移交。

1.4.3 质量员应具备的专业技能和专业知识

质量员应具备的专业技能与其工作职责对应，主要体现在质量计划准备、材料质量控制、工序质量控制、质量问题处置和质量资料管理5个方面，见表1-1。

表1-1 质量员应具备的专业技能

序号	分类	专业技能
1	质量计划准备	能够参与编制施工项目质量计划
2	材料质量控制	能够评价材料、设备质量；能够判断施工试验结果
3	工序质量控制	能够识读施工图；能够确定施工质量控制点；能够参与编写质量控制措施等质量控制文件，实施质量交底；能够进行工程质量检查、验收、评定
4	质量问题处置	能够识别质量缺陷，并进行分析和处理；能够参与调查、分析质量事故，提出处理意见
5	质量资料管理	能够编制、收集、整理质量资料

质量员应具备的专业知识主要包括通用知识、基础知识和岗位知识3个方面，见表1-2。

表1-2 质量员应具备的专业知识

序号	分类	专业知识
1	通用知识	熟悉国家工程建设相关法律法规；熟悉工程材料的基本知识；掌握施工图识读、绘制的基本知识；熟悉工程施工工艺和方法；熟悉工程项目管理的基本知识
2	基础知识	熟悉相关专业力学知识；熟悉建筑构造、建筑结构和建筑设备的基本知识；熟悉施工测量的基本知识；掌握抽样统计分析的基本知识
3	岗位知识	熟悉与本岗位相关的标准和管理规定；掌握工程质量管理的基本知识；掌握施工质量计划的内容和编制方法；熟悉工程质量控制的方法；了解施工试验的内容、方法和判定标准；掌握工程质量问题的分析、预防及处理方法

【典型案例1-6】

2020年，位于福建省泉州市××酒店所在建筑物发生坍塌事故，如图1-1所示，造成29人死亡、42人受伤，直接经济损失5 794万元。

图1-1　典型案例1-6图

事故原因：事故单位将××酒店建筑物由原四层违法增加夹层改建成七层，达到极限承载能力并处于坍塌临界状态，加之事发前对底层支撑钢柱违规加固焊接作业引发钢柱失稳破坏，导致建筑物整体坍塌。

典型案例1-6解析

事故处理：泉州市××酒店坍塌事故是一起主要由违法违规建设、改建和加固施工导致建筑物坍塌的重大生产安全责任事故。福建省泉州市中级人民法院和所辖丰泽、安溪、南安、德化等4个基层人民法院对事故涉及的13名被告人犯重大责任事故罪，伪造国家机关证件罪，伪造公司、企业印章罪，提供虚假证明文件罪，行贿罪一案，以及7起职务犯罪案件进行了公开宣判，依法对13名被告人和7名失职渎职和受贿公职人员判处刑罚。

问：建筑工程质量控制的实施主体包括哪些单位？本案中这些实施主体在工程建设中存在哪些过失和违法行为？本案中施工单位的质量员可能涉及的失职行为有哪些？

任务1.5　本课程的主要内容及特点

本课程的学习任务是掌握建筑工程施工质量检验的标准、方法、组织、程序和措施，以胜任质量员等岗位的施工现场管理工作。课程内容包括建筑工程质量控制和检验的概述，地基与基础工程、混凝土结构工程、砌体结构工程、建筑装饰装修工程、建筑地面工程、屋面工程、建筑围护结构节能工程的质量控制要点和检验标准。课程的主要目的是培养学生建筑工程施工质量控制的能力，使学生掌握常见土建分部工程质量检验的工作内容、方法和程序。

　　本课程与实际建筑工程的施工现场管理和质量控制联系紧密，分部工程的施工质量检验是课程的主要内容。要求学生了解建筑工程质量控制的依据、过程、内容和方法；了解质量员的工作职责以及应具备的专业技能和专业知识；熟悉建筑工程质量验收的划分原则、程序和组织；掌握地基与基础工程、主体结构工程、装饰装修工程、建筑地面工程、屋面工程、建筑围护结构节能工程等的施工质量控制和检验。

　　本课程的教学内容与建筑工程质量员、施工员、监理员等岗位的工作联系紧密，故文字教材本着"以项目为导向、以任务为驱动"的教学理念，将书中内容与实际建筑工程施工质量控制和检验的工作过程紧密联系，内容组织以"项目概述—学习目标—依托标准—学习任务—典型案例—巩固练习"为线，遵循学生的认知规律。

　　本书中穿插了38个典型案例，包括近年全国建造师执业资格考试《建筑工程管理与实务》科目部分真题和一些典型的工程事故案例。通过典型案例及其音频解析，学生能够更好地理解文字教材内容及其在工程中的实际应用情况，以巩固学习效果，同时获得必要的工程伦理教育。

巩固练习

1. 建筑工程质量控制的依据主要包括哪些？
2. 建筑工程质量控制的实施主体包括哪些单位？
3. 建筑工程质量的主要影响因素有哪些？
4. 简述按工程施工层次划分的质量控制过程。
5. 简述建筑工程质量检验的主要目的。
6. 简述建筑工程施工质量检验的主要方法。
7. 建筑工程质量验收的指导原则是什么？
8. 涉及土建工程施工质量验收的国家规范或标准有哪些？
9. 建筑工程的质量验收是如何进行划分的？
10. 建筑工程质量验收所依据的一般标准有哪些？
11. 简述建筑工程质量验收的程序和组织。
12. 简述建筑工程质量员的素质要求和工作职责。

在线自测

项目1 在线自测

项目2 PROJECT 2

地基与基础工程质量检验

项目概述

任何建筑物或构筑物都是由上部结构、基础和地基三部分组成的，建筑物或构筑物与土层直接接触的部分称为基础，支撑建筑物或构筑物的土层称为地基，基础担负着承受建筑物的全部荷载并将其传递给地基的任务。地基与基础工程属于隐蔽工程，是建筑工程中重要的分部工程之一。

2009年6月27日清晨5时30分左右，上海闵行区莲花南路、罗阳路口西侧"莲花河畔景苑"小区内一栋在建的13层住宅楼全部倒塌，造成一名施工人员死亡，所幸倒塌的高楼尚未竣工交付使用，没有酿成特大居民伤亡事故。经调查，在6月下旬，施工方在事发楼盘前方开挖基坑，土方紧贴建筑物堆积在楼房北侧，堆土在6天内即高达10 m。土方在短时间内快速堆积，产生了3 000 t左右的侧向力，加之楼房前方由于开挖基坑出现临空面，导致楼房产生10 cm左右的位移，对PHC（Pre-stressed High-strength Concrete，预应力高强度混凝土）桩产生很大的偏心弯矩，最终破坏桩基，引起楼房整体倒覆破坏，造成了巨大的经济损失，带来了恶劣的社会影响。

该事故中的土方堆放和基坑开挖等施工工序是地基与基础工程质量检验的重要内容，如果该项目的工程技术人员具有足够的安全生产意识和防范工程风险的责任感，认真落实地基与基础工程质量检验的工作要求，那么就可以避免此次恶性事故的发生。由此也可以看到，地基与基础工程的质量是保证建筑物安全使用的根本。

地基与基础工程一般包括土方工程、基坑支护工程、地基处理工程、基础工程、边坡工程、地下水控制、地下防水等子分部工程。在本项目中，我们将主要学习土方工程、基坑支护工程、地基处理工程和桩基础工程的施工质量检验。

学习目标

1. 了解地基与基础工程子分部工程和分项工程的划分。

2. 熟悉地基与基础工程施工质量控制要点及工序质量检查。

3. 掌握地基与基础工程现场常见检验项目的内容及方法。

4. 掌握地基与基础工程常见检验批的验收方法。

5. 熟悉地基与基础工程的分项工程、分部工程的验收方法。

6. 能够依据有关规范和标准实施地基与基础工程的施工质量控制和检验，具有预防和处理地基与基础工程质量问题的初步能力。

7. 增强工程施工过程中防范风险和事故的安全意识以及职业道德和职业责任感。

依托标准

1. 《建筑地基基础工程施工质量验收标准》（GB 50202—2018）。

2. 《建筑地基处理技术规范》（JGJ 79—2012）。

3. 《建筑桩基技术规范》（JGJ 94—2008）。

任务2.1　基本规定

2.1.1　施工勘察

地基与基础工程的施工均与地下土层接触，地质资料极为重要。基础工程的施工又影响临近房屋和其他公共设施，对这些设施的结构状况的掌握，有利于保证基础工程施工的安全与质量，同时又可使这些设施得到保护。因此，在地基与基础工程施工前，必须具备完备的地质勘察资料及掌握工程附近管线、建（构）筑物和其他公共设施的构造情况，必要时应做施工勘察和调查，以确保工程质量及临近建筑的安全。

所有建（构）筑物均应进行施工验槽。遇到如下情况时，应进行专门的施工勘察。

（1）工程地质与水文地质条件复杂，出现详勘阶段难以查清的问题时。

（2）开挖基槽发现土质、地层结构与勘察资料不符时。

（3）施工中地基土受严重扰动，天然承载力减弱，需进一步查明其性状及工程性质时。

（4）开挖后发现需要增加地基处理或改变基础型式，已有勘察资料不能满足需求时。

（5）施工中出现新的岩土工程或工程地质问题，根据已有勘察资料不能充分判别新情况时。

施工勘察应针对需要解决的岩土工程问题布置工作量，勘察方法可根据具体情况选用施工验槽、钻探取样和原位测试等。

2.1.2　地基与基础工程施工异常情况处理

地基与基础工程大量都是地下工程，虽有勘察资料，但常有与资料不符或没有掌握到的情况发生，致使工程不能顺利进行。为避免不必要的重大事故或损失，施工过程中出现异常情况时应停止施工，由监理或建设单位组织勘察、设计、施工等有关单位共同分析情况，消除质量隐患，并形成文件资料，待妥善解决问题后再恢复施工。

2.1.3　地基与基础子分部工程和分项工程划分

根据《建筑工程施工质量验收统一标准》（GB 50300—2013）的规定，地基与基础分部工程的子分部工程和分项工程的划分见表2-1。

表2-1　地基与基础分部工程的子分部工程和分项工程的划分

分部工程	子分部工程	分项工程
地基与基础	地基	素土、灰土地基，砂和砂石地基，土工合成材料地基，粉煤灰地基，强夯地基，注浆地基，预压地基、砂石桩复合地基，高压旋喷注浆地基，水泥土搅拌桩地基，土和灰土挤密桩复合地基，水泥粉煤灰碎石桩复合地基，夯实水泥土桩复合地基
	基础	无筋扩展基础，钢筋混凝土扩展基础，筏形与箱形基础，钢结构基础，钢管混凝土结构基础，型钢混凝土结构基础，钢筋混凝土预制桩基础，泥浆护壁成孔灌注桩基础，干作业成孔桩基础，长螺旋钻孔压灌桩基础，沉管灌注桩基础，钢桩基础，锚杆静压桩基础，岩石锚杆基础，沉井与沉箱基础

分部工程	子分部工程	分项工程
地基与基础	基坑支护	灌注桩排桩围护墙，板桩围护墙，咬合桩围护墙，型钢水泥土搅拌墙，土钉墙，地下连续墙，水泥土重力式挡墙，内支撑，锚杆，与主体结构相结合的基坑支护
	地下水控制	降水与排水，回灌
	土方	土方开挖，土方回填，场地平整
	边坡	喷锚支护，挡土墙，边坡开挖
	地下防水	主体结构防水，细部构造防水，特殊施工法结构防水，排水，注浆

任务 2.2　土方工程

土方工程是建筑工程施工的开始，具有工程量大、劳动繁重和施工条件复杂的特点。土方工程主要包括土方开挖、堆放与运输和回填。

2.2.1　一般规定

（1）土方工程施工前应进行挖、填方的平衡计算，综合考虑土方运距最短、运程合理和各个工程项目的合理施工程序等，做好土方平衡调配，减少重复挖运。土方平衡调配是土方工程施工的一项重要工作，一般先由设计单位提出基本平衡数据，然后由施工单位根据实际情况进行平衡计算。如果工程量较大，在施工过程中还应进行多次平衡调整。在平衡计算中，应综合考虑土的松散率、压缩率、沉陷量等影响土方量的各种因素。为了配合城乡建设的发展，土方平衡调配尽可能与当地市、镇规划和农田水利等结合，将余土一次性运到指定弃土场，做到文明施工。

（2）当土方工程挖方较深时，施工单位应采取措施，防止基坑底部土的隆起并避免危害周边环境。基底土隆起往往伴随着对周边环境的影响，尤其当周边有地下管线、建（构）筑物和永久性道路时应密切注意。

（3）在土方工程开挖施工前，应完成支护结构、地面排水、地下水控制、基坑及周边环境监测、施工条件验收和应急预案准备等工作的验收，合格后方可进行土方开挖。

（4）平整后的场地表面坡率应符合设计要求，设计无要求时，沿排水沟方向的坡率不应小于2‰，平整后的场地表面应逐点检查。土方工程的标高检查点为每100 m² 取1点，且不应少于10点；土方工程的平面几何尺寸（长度、宽度等）应全数检查；土方工程的边坡为每20 m取1点，且每边不应少于1点。土方工程的表面平整度检查点为每100 m² 取1点，且不应少于10点。

（5）土方工程施工应经常测量和校核其平面位置、水平标高和边坡坡率。平面控制桩和水准控制点应采取可靠的保护措施，定期复测和检查。土方不应堆在基坑影响范围内。在土方工程施工测量中，除开工前的复测放线外，还应配合施工对平面位置（包括控制边界线、分界线、边坡的上口线和底口线等）、边坡坡率（包括放坡线、变坡等）和标高（包括各个地段的标高）等经常进行测量，校核是否符合设计要求。上述施工测量的基准——平面控制桩和水准控制点应采取可靠措施加以保护，并应定期进行检查和复测。

（6）土方开挖的顺序、方法必须与设计工况和施工方案相一致，并应遵循"开槽支撑，先撑后挖，分层开挖，严禁超挖"的原则。在雨季和冬季施工应遵守国家现行标准的有关规定。由于各地地质情况不同，土方工程可参照相应地方标准执行。

典型案例 2 –1 解析

【典型案例 2 –1】

某住宅工程，建筑面积21 600 m²，基坑开挖深度6.5 m，地下二层，地上十二层，筏板基础，现浇钢筋混凝土框架结构。工程场地狭小，基坑上口北侧4 m处有1栋六层砖混结构住宅楼，东侧2 m处有一条埋深2 m的热力管线。

问：根据本工程周边环境现状，基坑工程周边环境必须监测哪些内容？

2.2.2　土方开挖

（1）施工前应检查支护结构质量、定位放线、排水和地下水控制系统，以及对周边影响范围内地下管线和建（构）筑物保护措施的落实，并应合理安排土方运输车辆的行走路线及弃土场。附近有重要保护设施的基坑，应在土方开挖前对围护体的止水性能通过预降水进行检验。

（2）施工过程中应检查平面位置、水平标高、边坡坡率、压实度、排水系统、地下水控制系统、预留土墩、分层开挖厚度、支护结构的变形，并随时观测周围的环境变化。

（3）施工结束后应检查平面几何尺寸、水平标高、边坡坡率、表面平整度和基底土性等。

（4）临时性挖方工程的边坡坡率允许值应符合表2 –2的规定或经设计计算确定。

表 2-2 临时性挖方工程的边坡坡率允许值

土的类别		边坡坡率允许值（高：宽）
砂土（不包括细砂、粉砂）		1:1.25 ~ 1:1.50
一般性黏土	坚硬	1:0.75 ~ 1:1.00
	硬塑、可塑	1:1.00 ~ 1:1.25
	软塑	1:1.50 或更缓
碎石类土	充填坚硬黏土、硬塑黏土	1:0.50 ~ 1:1.00
	充填砂土	1:1.00 ~ 1:1.50

注：1. 本表适用于无支护措施的临时性挖方工程的边坡坡率。
2. 设计有要求时，应符合设计标准。
3. 本表适用于地下水位以上的土层。采用降水或其他加固措施时，可不受本表限制，但应计算复核。
4. 一次开挖深度，软土不应超过 4 m，硬土不应超过 8 m。

（5）土方开挖工程的质量检验标准应符合表 2-3 的规定。

表 2-3 土方开挖工程的质量检验标准

项目	序号	检查项目	允许偏差或允许值/mm					检验方法
			柱基、基坑、基槽	挖方场地平整		管沟	地（路）面基层	
				人工	机械			
主控项目	1	标高	0 −50	±30	±50	0 −50	0 −50	用水准仪
	2	长度、宽度（由设计中心线向两边量）	+200 −50	+300 −100	+500 −150	+100 0	设计值	全站仪或用钢尺量
	3	边坡坡率	设计值					目测法或用坡度尺检查
一般项目	1	表面平整度	±20	±20	±50	±20	±20	用 2 m 靠尺检查
	2	基底土性	设计要求					目测法或土样分析

注：地（路）面基层的允许偏差只适用于直接在挖、填方上做地（路）面的基层。

【典型案例 2-2】

某新建住宅楼基坑工程，由于工程地质条件复杂，距基坑边 5 m 处为居民住宅区，因此，施工单位在土方开挖过程中安排专人随时观测周围的环境变化。

问：施工单位在土方开挖过程中还应注意检查哪些情况？

典型案例2-2解析

【典型案例2-3】

典型案例2-3解析

2020年7月10日，因持续暴雨，位于四川省南充市南部县桂博西路侧"阳光100"建设项目挡土墙发生倾斜，导致挡土墙与相邻小区颂香府邸A11栋之间道路出现沉陷，如图2-1所示。为确保群众生命安全，7月11日凌晨对住户进行转移安置。经现场监测，颂香府邸A11栋房屋主体和基础均未出现影响使用安全的异常现象。

问：施工单位在土方开挖过程中应注意检查哪些情况？本案例中挡土墙与相邻小区之间道路的沉陷可能是哪些原因导致的？

图2-1　典型案例2-3图

2.2.3　土方堆放与运输

（1）施工前应对土方平衡计算进行检查，堆放与运输应满足施工组织设计要求。

（2）施工中应检查安全文明施工、堆放位置、堆放的安全距离、堆土的高度、边坡坡率、排水系统、边坡稳定、防扬尘措施等内容，并应满足设计或施工组织设计要求。

（3）在基坑（槽）、管沟等周边堆土的堆载限值和堆载范围应符合基坑围护设计要求，严禁在基坑（槽）、管沟、地铁及建（构）筑物周边影响范围内堆土。对于临时性堆土，应视挖方边坡处的土质情况、边坡坡率和高度，检查堆放的安全距离，确保边坡稳定。在挖方下侧堆土时应将土堆表面平整，其顶面高程应低于相邻挖方场地设计标高，保持排水畅通，堆土边坡坡率不宜大于1∶1.5。在河岸处堆土时，不得影响河堤的稳定和排水，不得阻塞、污染河道。

（4）施工结束后，应检查堆土的平面尺寸、高度、安全距离、边坡坡率、排水、防扬尘措施等内容，并应满足设计或施工组织设计要求。

（5）土方堆放工程的质量检验标准应符合表 2-4 的规定。

表 2-4　土方堆放工程的质量检验标准

项目	序号	检查项目	允许偏差或允许值	检验方法
主控项目	1	总高度	不大于设计值	水准测量
	2	长度、宽度	设计值	全站仪或用钢尺量
	3	堆放安全距离	设计值	全站仪或用钢尺量
	4	边坡坡率	设计值	目测法或用坡度尺检查
一般项目	1	防扬尘	满足环境保护要求或施工组织设计要求	目测法

【典型案例 2-4】

2009 年 6 月 27 日清晨 5 时 30 分左右，上海闵行区莲花南路、罗阳路口西侧"莲花河畔景苑"小区内一栋在建的 13 层住宅楼全部倒塌，造成一名施工人员死亡，所幸倒塌的高楼尚未竣工交付使用，没有酿成特大居民伤亡事故，如图 2-2 所示。

典型案例 2-4 解析

事故原因：经调查，在 6 月下旬，施工方在事发楼盘前方开挖基

图 2-2　典型案例 2-4 图

坑，土方紧贴建筑物堆积在楼房北侧，堆土在6天内即高达10 m。土方在短时间内快速堆积，产生了3 000 t左右的侧向力，加之楼房前方由于开挖基坑出现临空面，导致楼房产生10 cm左右的位移，对PHC桩产生很大的偏心弯矩，最终破坏桩基，引起楼房整体倒覆破坏。

事故处理：由于该事故导致了人员伤亡，造成了巨大的经济损失，带来了恶劣的社会影响，与项目关联的7名直接责任人因犯重大责任事故罪，受到了法律的严惩。

问：土方堆放工程质量检验标准中的主控项目和一般项目有哪些？该事故中质量员在执行土方堆放工程质量检验过程中存在哪些过失？

2.2.4　土方回填

（1）土方回填前应检查基底的垃圾、树根等杂物清除情况，抽除坑穴积水、挖净淤泥，测量基底标高、边坡坡率，检查验收基础外墙防水层和保护层等。回填料应符合设计要求，保证填方的强度和稳定性，尽量采用同类土，不得混入建筑垃圾等杂物，并应确定回填料含水量控制范围、铺土厚度、压实遍数等施工参数。

（2）填方基底处理应做好隐蔽工程验收，重点内容应画图表示，基底处理经中间验收合格后，才能进行填方和压实。

（3）经中间验收合格的填方区域场地应基本平整，并有0.2%坡度以利于排水。填方区域有陡于1:5的边坡时，应设置阶宽不小于1 m的阶梯形台阶。台阶面口严禁上抬，避免造成台阶上积水。

（4）回填土的含水量控制：土的最优含水率和最少压实遍数可通过试验求得。土的最优含水率和最大干密度参考值见表2-5。

表2-5　土的最优含水率和最大干密度参考值

土的种类	变动范围	
	最优含水率（质量比）	最大干密度/（g·cm⁻³）
砂土	8%~12%	1.80~1.88
黏土	19%~23%	1.58~1.70
粉质黏土	12%~15%	1.85~1.95
粉土	16%~22%	1.61~1.80

（5）回填料应按设计要求验收后方可填入。填方应按设计要求预留沉降量，一般不超过填方高度的3%。冬季填方每层铺土厚度应比常温施工时减少20%~25%，预留沉降量比常温时适当增加。

（6）土方回填施工中应检查排水系统，以及每层填筑厚度、辗迹重叠长度、含水量控制、回填土有机质含量、压实程度等。土方回填施工的压实系数应满足设计要求。当采用分层回填时，应在下层的压实系数经试验合格后进行上层施工。填筑厚度及压实遍数应根据土质、压实系数及压实机具确定。无试验依据时，填土施工时的分层厚度及压实遍数应符合表 2 - 6 的规定。

表 2 - 6　填土施工时的分层厚度及压实遍数

压实机具	分层厚度/mm	每层压实遍数
平碾	250 ~ 300	6 ~ 8
振动压实机	250 ~ 350	3 ~ 4
柴油打夯机	200 ~ 250	3 ~ 4
人工打夯	< 200	3 ~ 4

（7）施工结束后，应进行标高及压实系数检验。

（8）填方工程质量检验标准应符合表 2 - 7 的规定。

表 2 - 7　填方工程质量检验标准

项目	序号	检查项目	允许偏差或允许值			检验方法
			柱基、基坑、基槽、管沟、地（路）面基础层	填方场地平整		
				人工	机械	
主控项目	1	标高/mm	0 −50	±30	±50	水准测量
	2	分层压实系数	不小于设计值			环刀法、灌水法、灌砂法
一般项目	1	回填土料	设计要求			取样检查或直接鉴别
	2	分层厚度	设计值			水准测量及抽样检查
	3	含水量	最优含水量 ±2%	最优含水量 ±4%		烘干法
	4	表面平整度/mm	±20	±20	±30	用 2 m 靠尺
	5	有机质含量	≤5%			灼烧减量法
	6	辗迹重叠长度/mm	500 ~ 1 000			用钢尺量

【典型案例2-5】

典型案例2-5解析

某工程在土方回填施工前，项目部安排人员编制了土方回填专项方案，包括：按设计和规范规定，严格控制回填土方的粒径和含水率，要求在土方回填前清除基底垃圾等杂物，按填方高度的5%预留沉降量等内容。

问：土方回填预留沉降量是否正确？说明理由。土方回填前除清除基底垃圾外还有哪些清理内容及相关工作？

【典型案例2-6】

典型案例2-6解析

某新建高层住宅工程，监理工程师在检查土方回填施工时发现：回填土料混有建筑垃圾；土料铺填厚度大于400 mm；采用振动压实机压实2遍成活；每天将回填2~3层的采用环刀法取的土样统一送检测单位检测压实系数。对此做出整改要求。

问：土方回填施工中有哪些不妥之处？写出正确做法。

任务2.3 基坑支护工程

基坑支护工程虽是为主体结构工程服务的临时性工程，不构成建筑工程实体，但它是建筑工程施工不可缺少的环节。基坑支护工程的结构形式主要有排桩墙支护工程、水泥土墙支护工程、锚杆及土钉墙支护工程、钢或混凝土支撑系统、地下连续墙、沉井与沉箱等。

2.3.1 一般规定

基坑工程分为深基坑工程和浅基坑工程。浅基坑工程一般是指开挖深度在5 m以下的简单工程。深基坑工程是指开挖深度超过5 m，以及开挖深度虽未超过5 m，但地质条件、周边环境和地下管线复杂，或影响毗邻建筑物安全的基坑工程。

（1）在基坑（槽）或管沟工程等开挖施工中，现场不宜进行放坡开挖，当可能对邻近建（构）筑物、地下管线、永久性道路产生危害时，应对基坑（槽）、管沟进行支护后再开挖。

在基础工程施工中，如挖方较深、土质较差或有地下水渗流等，可能对邻近建（构）

筑物、地下管线、永久性道路等产生危害，或构成边坡不稳定。在这种情况下，不宜进行大开挖施工，应对基坑（槽）、管沟进行支护。支护结构可根据基坑周边环境、开挖深度、工程地质与水文地质、施工作业设备和施工季节等条件进行支护结构选型和设计。

（2）基坑（槽）、管沟开挖前应做好下述工作。

① 基坑（槽）、管沟开挖前，应根据支护结构形式、挖深、地质条件、施工方法、周围环境、工期、气候和地面载荷等资料制定施工方案、环境保护措施、监测方案，经审批后方可施工。

② 土方工程施工前，应对降水、排水措施进行设计，系统应经检查和试运转，一切正常后方可开始施工。

③ 有关支护结构的施工质量验收可按地基、桩基础验收的规定执行，验收合格后方可进行土方开挖。

基坑的支护与开挖方案，各地均有严格的规定，应按当地的要求对方案进行申报，经批准后才能施工。降水、排水系统对维护基坑的安全极为重要，必须在基坑开挖施工期间安全运转，应时刻检查其工作状况。邻近有建筑物或有公共设施时，在降水过程中要予以观测，不得使降水危及这些建筑物或公共设施的安全。

重要的基坑支护工程，支撑安装的及时性极为重要，根据工程实践，基坑变形与施工时间有很大关系，因此，施工过程应尽量缩短工期，特别是在支撑体系未形成情况下的基坑暴露时间应予以减少，要重视基坑变形的时空效应。对须控制的基坑变形指标，施工前应设置好观测点，随时检查这些观测点的数据，必要时须设置预警值（一旦达到此数值即报警），并采取应急措施予以控制。

（3）基坑（槽）、管沟的挖土应分层进行。在施工过程中，基坑（槽）、管沟边堆置土方不应超过设计荷载，挖方时不应碰撞或损伤支护结构、降水设施。

在分层进行基坑（槽）、管沟挖土时，分层厚度应根据工程具体情况（包括土质、环境等）决定，开挖本身是一种卸荷过程，防止局部区域挖土过深、卸载过速，引起土体失稳，降低土体抗剪性能，同时在施工中应不损伤支护结构，以保证基坑安全。

（4）基坑（槽）、管沟土方施工中应对支护结构、周围环境进行观察和监测，如出现异常情况应及时处理，待恢复正常后方可继续施工。

（5）基坑（槽）、管沟开挖至设计标高后，应对坑底进行保护，经验槽合格后方可进行垫层施工。对特大型基坑，宜分区分块挖至设计标高，分区分块及时浇筑垫层，必要时可加强垫层。

（6）基坑（槽）、管沟土方工程验收应以确保支护结构安全和周围环境安全为前提。如何确保基坑支护结构安全，同时又使周围环境得到保护，这与支护结构的安全度、周围设施的可靠度紧密相关。因此，设计人员要对基坑支护结构设计标准和安全程度有较好的把握，并在设计时对周围环境条件做好调查研究。由设计、施工不当造成的基坑事故时有发生，人们认识到基坑支护工程的监测是实现信息化施工、避免事故发生的有效措施，又是完善、发展设计理论、设计方法和提高施工水平的重要手段。

监测项目选择应根据基坑支护形式、地质条件、工程规模、施工工况与季节及环境保护的要求等因素综合而定。基坑开挖前应做出系统的开挖监控方案，监控方案应包括监控目的、监测项目、监控报警值、监测方法及精度要求、监测点的布置、监测周期、工序管理和记录制度，以及信息反馈系统等。

2.3.2 排桩墙支护工程

排桩墙支护结构包括灌注桩、预制桩、板桩等类型桩构成的支护结构。

（1）灌注桩排桩和截水帷幕施工前，应对原材料进行检验。灌注桩施工前应进行试成孔，试成孔数量应根据工程规模和场地地层特点确定，且不宜少于2个。灌注桩排桩施工中应加强过程控制，对成孔、钢筋笼制作与安装、混凝土灌注等各项技术指标进行检查验收。

（2）板桩围护墙施工前，应对钢板桩或预制钢筋混凝土板桩的成品进行外观检查。

（3）排桩墙支护的基坑，开挖后应及时支护，每一道支撑施工应确保基坑变形在设计要求的控制范围内。

（4）在含水地层范围内的排桩墙支护基坑，应有确实可靠的止水措施，确保基坑施工及邻近建（构）筑物的安全。

含水地层范围内的支护结构常因止水措施不当而造成地下水从坑外向坑内渗漏，大量抽排造成土颗粒流失，致使坑外土体沉降，危及坑外的设施。因此，必须有可靠的止水措施。这些措施有深层搅拌桩帷幕、高压喷射注浆止水帷幕、注浆帷幕或降水井（点）等，可根据不同的条件选用。

（5）排桩施工应符合下列要求：

① 桩位偏差，轴线和垂直轴线方向均不宜超过50 mm，垂直度偏差一般不宜大于1%。

② 钻孔灌注桩桩底沉渣不宜超过200 mm，当用作承重结构时，桩底沉渣按《建筑桩基技术规范》（JGJ 94—2008）的规定执行。

③ 排桩宜采取隔桩施工，并应在灌注混凝土24 h后进行邻桩成孔施工。

④ 非均匀配筋排桩的钢筋笼在绑扎、吊装和埋设时应保证钢筋笼的安放方向与设计方向一致。

⑤ 冠梁施工前，应将支护桩桩顶浮浆凿除并清理干净，桩顶以上露出的钢筋长度应达到设计要求。

2.3.3 水泥土墙支护工程

水泥土墙支护结构是指水泥土搅拌桩（包括加筋水泥土搅拌桩）、高压喷射注浆桩所构成的围护结构。

加筋水泥土搅拌桩是在水泥土搅拌桩内插入筋性材料，如型钢、钢板桩、混凝土板桩、混凝土工字梁等而成的。这些筋性材料可以拔出，也可不拔，视具体条件而定。如要拔出，应考虑相应的填充措施，而且应与拔出的时间同步，以减少周围的土体变形。

1. 工程设计与施工质量控制要点

（1）水泥土墙采用格栅布置时，水泥土的置换率对于淤泥不宜小于 0.8，淤泥质土不宜小于 0.7，一般黏性土及砂土不宜小于 0.6；格栅长宽比不宜大于 2。

（2）水泥土桩与桩之间的搭接宽度应根据挡土及截水要求确定。当考虑截水作用时，桩的有效搭接宽度不宜小于 150 mm；当不考虑截水作用时，搭接宽度不宜小于 100 mm。水泥土墙是靠桩与桩的搭接形成连续墙，桩的搭接是保证水泥土墙抗渗漏及整体性的关键，由于桩施工有一定的垂直度偏差，应控制其搭接宽度。

（3）当变形不能满足要求时，宜采用基坑内侧土体加固或水泥土墙插筋加混凝土面板及加大嵌固深度等措施。

（4）水泥土墙应采取切割搭接法施工。应在前桩水泥土尚未固化时进行后续搭接桩施工。施工开始和结束的头尾搭接处应采取加强措施，消除搭接勾缝。

（5）当设置插筋时，桩身插筋应在桩顶搅拌完成后及时进行。插筋材料、插入长度和露出长度等均应按计算和构造要求确定。

（6）高压喷射注浆应按试喷确定的技术参数施工，切割搭接宽度应符合要求，即旋喷固结体宽度不宜小于 150 mm，摆喷固结体宽度不宜小于 150 mm，定喷固结体宽度不宜小于 200 mm。

2. 施工质量检查与验收

（1）水泥土搅拌桩及高压喷射注浆桩的质量检验须满足《建筑地基基础工程施工质量验收标准》（GB 50202—2018）的规定。

（2）水泥土墙应在设计开挖龄期（28 d）采用钻芯法检测墙身完整性，钻芯数量不宜少于总桩数的 2%，且不应少于 5 根，并应根据设计要求取样进行单轴抗压强度试验。

（3）加筋水泥土搅拌桩质量检验标准应符合《建筑地基基础工程施工质量验收标准》（GB 50202—2018）的有关规定。桩的检查数量应为全数，各项检验指标均应符合设计要求。若有超过 10% 的项目不合格，应及时进行处理。

2.3.4 锚杆及土钉墙支护工程

基坑周围不具备放坡条件，地下水位较低或坑外有降水条件，邻近无重要建地管线，基坑外地下空间允许锚杆或土钉占用时，可采用锚杆支护或土钉墙支护结构来保护基坑边坡。

对于锚杆及土钉墙支护工程，在施工前应熟悉地质资料、设计图纸及周围环境，应确保降水系统正常工作，必需的施工设备如挖掘机、钻机、压浆泵、搅拌机等能正常运转。一般情况下，应遵循分段开挖、分段支护的原则，不宜采用一次挖就再行支护的方式施工。

施工中应对锚杆或土钉位置，钻孔直径、深度及角度，锚杆或土钉插入长度，注浆配比、压力及注浆量，喷锚墙面厚度及强度、锚杆或土钉应力等进行检查。每段支护体施工完成后，应检查坡顶或坡面位移，以及坡顶沉降及周围环境变化，如有异常情况应采取措施，恢复正常后方可继续施工。

1. 锚杆支护工程设计与施工质量控制要点

（1）土层锚杆锚固段不宜设置在未经处理的土层，包括有机质土层、液限值大于50%的土层及相对密实度值小于0.3的土层。

（2）锚杆杆体材料宜选用钢绞线或精轧螺纹钢筋。钢筋接长宜采用双面搭接焊，焊缝长度不应小于$8d$（d 为钢筋直径）。杆体接长或杆体与螺杆焊接都必须按设计要求使用焊条，精轧螺纹钢筋可采用定型套筒连接。

（3）钻孔深度应超过锚杆设计长度0.3 ~ 0.5 m。如遇易塌孔土层，可带护壁套管钻进，不宜采用泥浆护壁，岩层钻孔可采用螺旋钻、冲击钻成孔。

（4）钻孔注意事项如下：

① 锚杆钻孔水平方向孔距在垂直方向误差不宜大于100 mm，偏斜度不应大于3%。

② 注浆管宜与锚杆杆体绑扎在一起，一次注浆管距孔底宜为100 ~ 200 mm，二次注浆管的出浆孔应进行可灌密封处理。

③ 浆体应按设计配制，一次注浆宜选用灰砂比为1:2 ~ 1:1、水灰比为0.38 ~ 0.45的水泥砂浆，或水灰比为0.45 ~ 0.5的水泥浆，二次高压注浆宜使用水灰比为0.45 ~ 0.55的水泥浆。

④ 二次高压注浆压力宜控制在2.5 ~ 5.0 MPa，注浆时间可根据注浆工艺试验确定或一次注浆锚固体强度达到5 MPa后进行。

（5）预应力锚杆施工完成后应对锁定的预应力进行监测，监测锚杆数量不得少于锚杆总数的5%，且不得少于6根。

2. 锚杆支护质量检验标准

锚杆支护质量检验标准应符合表2－8的规定。

表2－8　锚杆支护质量检验标准

项目	序号	检查项目	允许值或允许偏差	检验方法
主控项目	1	抗拔承载力	不小于设计值	锚杆抗拔试验
	2	锚固体强度	不小于设计值	试块强度
	3	预加力	不小于设计值	检查压力表读数
	4	锚杆长度	不小于设计值	用钢尺量

续表

项目	序号	检查项目	允许值或允许偏差	检验方法
一般项目	1	钻孔孔位	≤100 mm	用钢尺量
	2	锚杆直径	不小于设计值	用钢尺量
	3	钻孔倾斜度	≤3°	测倾角
	4	水胶比（或水泥砂浆配比）	设计值	实际用水量与水泥等胶凝材料的重量比（实际用水、水泥、砂的重量比）
	5	注浆量	不小于设计值	查看流量表
	6	注浆压力	设计值	检查压力表读数
	7	自由段套管长度	±50 mm	用钢尺量

3. 土钉墙支护工程设计与施工质量控制要点

土钉墙支护是以较密排列的插筋作为土体的主要补强手段，通过插筋锚体与土体和喷射混凝土面层共同工作，形成补强复合土体，从而达到稳定边坡的目的，适用于基坑以上土体的加固。土钉墙支护适用于地下水位以上或人工降水后的黏性土、粉土、杂填土及非松散砂土、卵石土等，不宜用于淤泥质土、饱和软土及未经降水处理的地下水位以下的土层。其具体的施工质量控制要点如下：

（1）对变形有严格要求的护坡工程，土钉墙支护应进行变形预测分析，符合要求后方可采用。

（2）土钉墙一般适用于开挖深度不超过 5 m 的基坑，如措施得当，基坑深度也可再加深，但设计与施工均应有足够的经验。

（3）土钉材料的置入方式可分为钻孔置入、打入或射入，常用钻孔注浆型土钉。

（4）当地下水位高于基坑底面时，应采取降水或截水措施；土钉墙墙顶应采用砂浆或混凝土护面，坡顶和坡脚应设排水措施，坡面上可根据具体情况设置泄水孔。

（5）上层土钉注浆体及喷射混凝土面层达到设计强度的 70% 后方可开挖下层土方及进行下层土钉施工。基坑开挖和土钉墙施工应按设计要求自上而下分段分层进行，在结构开挖后应辅以人工修整坡面，坡面平整度的允许偏差宜为 ±20 mm，在坡面喷射混凝土支护前应清除坡面虚土。

（6）土钉墙施工顺序如下：

① 应按设计要求开挖工作面，修整边坡，埋设喷射混凝土厚度控制标志。

② 喷射第一层混凝土。

③ 钻孔安设土钉、注浆，安设连接件。

④ 绑扎钢筋网，喷射第二层混凝土。

⑤ 设置坡顶、坡面和坡脚的排水系统。

（7）土钉成孔施工宜符合的规定有：孔深允许偏差为 ±50 mm；孔径允许偏差为 ±5 mm；孔距允许偏差为 ±100 mm。

（8）喷射混凝土作业应符合下列规定。

① 喷射混凝土作业应分段进行，同一分段内喷射顺序应自下而上，一次喷射厚度不宜小于 40 mm。

② 喷射混凝土时，喷头与受喷面应保持垂直，距离宜为 0.6 ~ 1.0 m。

③ 喷射混凝土终凝 2 h 后应喷水养护，养护时间根据气温确定，宜为 3 ~ 7 h。

（9）喷射混凝土面层中的钢筋网铺设应符合下列规定。

① 钢筋网应在喷射一层混凝土后铺设，钢筋保护层厚度不宜小于 20 mm。

② 采用双层钢筋网时，第二层钢筋网应在第一层钢筋网被混凝土覆盖后铺设。

③ 钢筋网与土钉应连接牢固。

（10）注浆作业应符合以下规定。

① 注浆前应将孔内残留或松动的杂土清除干净，注浆开始或中途停止超过 30 min 时，应用水或稀水泥浆润滑注浆管路。

② 注浆时，注浆管应插至距孔底 250 ~ 500 mm 处，孔口部位宜设置止浆塞及排气管。

③ 土钉钢筋应设定位支架。

（11）一般情况下，应遵循分段开挖、分段支护的原则，不宜采用一次挖就再行支护的方式施工。

（12）施工中应对锚杆或土钉位置，钻孔直径、深度及角度，锚杆或土钉插入长度，注浆配比、压力及注浆量，喷锚墙面厚度及强度、锚杆或土钉应力等进行检查。

（13）每段支护体施工完成后，应检查坡顶或坡面位移、坡顶沉降及周围环境变化，如有异常情况，应采取措施，恢复正常后方可继续施工。

4. 土钉墙支护质量检验标准

土钉墙支护质量检验标准应符合表 2 – 9 的规定。

表 2 – 9　土钉墙支护质量检验标准

项目	序号	检查项目	允许偏差或允许值	检验方法
主控项目	1	抗拔承载力	不小于设计值	土钉抗拔试验
	2	土钉长度	不小于设计值	用钢尺量
	3	分层开挖厚度	±200 mm	水准测量或用钢尺量
一般项目	1	土钉位置	±100 mm	用钢尺量
	2	土钉直径	不小于设计值	用钢尺量
	3	土钉孔倾斜度	≤3°	测倾角
	4	水胶比	设计值	实际用水量与水泥等胶凝材料的重量比

续表

项目	序号	检查项目	允许偏差或允许值	检验方法
一般项目	5	注浆量	不小于设计值	查看流量表
	6	注浆压力	设计值	检查压力表读数
	7	浆体强度	不小于设计值	试块强度
	8	钢筋网间距	±30 mm	用钢尺量
	9	土钉面层厚度	±10 mm	用钢尺量
	10	面层混凝土强度	不小于设计值	28 d试块强度
	11	预留土墩尺寸及间距	±500 mm	用钢尺量
	12	微型桩桩位	≤50 mm	全站仪或用钢尺量
	13	微型桩垂直度	≤1/200	经纬仪测量

注：第12项和第13项的检测仅适用于微型桩结合土钉的复合土钉墙。

任务 2.4 地基处理工程

地基是指承受上部结构荷载影响的那一部分土体或岩体，它对保证建筑物的坚固耐久具有非常重要的作用。地基分为天然地基和人工地基，人工地基根据地基处理方法分类，有换填垫层、预压地基、压实地基、强夯地基、复合地基等。

2.4.1 一般规定

（1）建筑物地基的施工应具备三部分资料：岩土工程勘察资料；邻近建筑物和地下设施类型、分布及结构质量情况；工程设计图纸、设计要求及须达到的标准检验手段。

（2）砂、石子、水泥、钢材、石灰、粉煤灰等原材料的质量、检验项目、批量和检验方法应符合国家现行标准的规定。

（3）地基工程施工结束，宜在一个间歇期后进行质量验收，间歇期由设计方案确定。

地基工程施工考虑间歇期是因为地基土的密实、空隙水压力的消散、水泥或化学浆液的固结等均需一个期限，施工结束即进行验收有不符合实际的可能，至于间歇期为多长时间，在各类地基规范中均有所考虑，但仅是参照数字，具体可由设计人员根据要求确定。一些大工程施工周期较长，一部分已达到间歇期要求，另一部分仍在施工，则不一定要全部工程施工结束后再进行取样检查，可先在已完工程部位进行检查，但是否有代表性应由设计方确定。

（4）地基加固工程应在正式施工前进行试验段施工，论证设定的施工参数及加固效果。为验证加固效果所进行的静载试验，其施加荷载应不低于设计荷载的 2 倍。

试验段工程施工的目的在于取得数据，以指导正式施工，对无经验可查工程更应强调，这样做的目的是使施工质量更容易满足设计要求，避免造成浪费和大面积返工。试验荷载取值应稍大一些，有利于分析比较，以取得可靠的施工参数。若载荷试验不合格，应由设计、施工等部门协商进行处理，调整设计和施工参数，直到试验段工程静载试验合格后方可大面积施工。

（5）素土和灰土地基、砂和砂石地基、土工合成材料地基、粉煤灰地基、强夯地基、注浆地基、预压地基的承载力必须达到设计要求。地基承载力的检验数量每 300 m² 不应少于 1 点，超过 3 000 m² 部分每 500 m² 不应少于 1 点。每单位工程不应少于 3 点。

（6）砂石桩、高压喷射注浆桩、水泥土搅拌桩、土和灰土挤密桩、水泥粉煤灰碎石桩、夯实水泥土桩等复合地基的承载力必须达到设计要求。复合地基承载力的检验数量不应少于总桩数的 0.5%，且不应少于 3 点。有单桩承载力或桩身强度检验要求时，检验数量不应少于总桩数的 0.5%，且不应少于 3 根。复合地基中增强体的检验数量不应少于总数的 20%。

（7）地基处理工程的验收，当采用一种检验方法检测结果存在不确定性时，应结合其他检验方法进行综合判断。

2.4.2　换填垫层法

换填垫层法是先将基础底面以下一定范围内的软弱土层挖去，然后回填强度较高、压缩性较低，并且没有侵蚀性的材料，如中粗砂、碎石或卵石、灰土、素土、石屑、矿渣等，再分层夯实后作为地基的持力层。换填垫层按其回填的材料可分为灰土地基、砂和砂石地基等。

1. 灰土地基

（1）材料要求。

① 土料。采用就地挖出的黏性土及塑性指数大于 4 的粉土，土内不得含有松软杂质和冻土，不得使用耕植土。土料须过筛，颗粒粒径不得大于 15 mm。

② 石灰。应用 Ⅲ 级以上新鲜的块灰，其中氧化钙、氧化镁的含量越高越好，使用前 1～2 d 进行消解并过筛，其颗粒粒径不得大于 5 mm，消石灰中不得夹有未熟化的生石灰块（粒）及其他杂质，也不得含有过多的水分。

③ 灰土。灰土采用体积配合比，其配合比应符合设计要求，且要求搅拌均匀，颜色一致。

（2）施工质量控制要点。

① 铺设前先检查基槽，若发现有软弱土层或孔穴，应挖除并用素土或灰土分层填实；有积水时，采取相应排水措施排除，待合格后方可施工。

② 灰土施工时，应适当控制其含水量，以手握成团，两指轻捏即碎为宜，当土料水分过多或不足时，可以进行晾晒或洒水湿润。

③ 灰土搅拌好后应分层进行铺设，每层铺土厚度应符合设计和规范要求。厚度用样桩控制，每层灰土夯打的遍数应根据设计的干土质量密度在现场经试验确定。

④ 灰土分段施工时，不得在墙角、柱墩及承重窗间墙下接缝，上下相邻两层灰土的接缝间距不得小于 500 mm，接缝处的灰土应充分夯实。

（3）施工质量检验标准。

灰土地基的质量检验标准应符合表 2 – 10 的规定。

表 2 – 10　灰土地基的质量检验标准

项目	序号	检查项目	允许偏差或允许值	检验方法
主控项目	1	地基承载力	不小于设计值	静载试验
	2	配合比	设计值	检查拌和①时的体积比
	3	压实系数	不小于设计值	环刀法
一般项目	1	石灰粒径	≤5 mm	筛析法
	2	土料有机质含量	≤5%	灼烧减量法
	3	土颗粒粒径	≤15 mm	筛析法
	4	含水量	最优含水量 ±2%	烘干法
	5	分层厚度	±50 mm	水准测量

2. 砂和砂石地基

（1）材料要求。

① 砂。使用颗粒级配良好、质地坚硬的中砂或粗砂，当用细砂、粉砂时，应掺加粒径 20 ~ 50 mm 的卵石（或碎石），但要分布均匀。砂中不得含有杂草、树根等有机杂质，含泥量应小于 5%，兼作排水垫层时，含泥量不得超过 3%。

② 砂石。用自然级配的砂石（或卵石、碎石）混合物，粒级应在 50 mm 以下，其含量应在 50% 以内，不得含有植物残体、垃圾等杂物，含泥量小于 5%。

（2）施工质量控制要点。

① 铺设前应先验槽，清除基底表面浮土及淤泥杂物，地基槽底如有孔洞、沟、井、墓穴应先填实，基底应无积水。槽应有一定坡度，防止振捣时塌方。

② 垫层标高不相同处应分段施工，接头处应做成斜坡或阶梯搭接，并按先深后浅的顺序施工。搭接处，每层应错开 0.5 ~ 1.0 m，并注意充分捣实。

③ 砂石地基应分层铺设，分层夯实。每层铺设厚度、捣实方法应符合规范要求。每铺设好一层，经干密度检验合格后方可进行新一层施工。

④ 垫层铺设完毕，应即进行下道工序的施工，严禁人员及车辆在砂石层面上行走，必

---

① 本书中"拌和"与"拌合"的使用均遵照相应的国家标准。

要时应在垫层上铺板供通行。

⑤ 冬期施工时，不得采用含有冰块的砂石。

（3）施工质量检验标准。

砂和砂石地基质量检验标准应符合表 2 – 11 的规定。

表 2 – 11　砂和砂石地基质量检验标准

项目	序号	检查项目	允许偏差或允许值	检验方法
主控项目	1	地基承载力	不小于设计值	静载试验
	2	配合比	设计值	检查拌和时的体积比或重量比
	3	压实系数	不小于设计值	灌水法、灌砂法
一般项目	1	砂石料有机质含量	≤5%	灼烧减量法
	2	砂石料含泥量	≤5%	水洗法
	3	砂石料粒径	≤50 mm	筛析法
	4	分层厚度	±50 mm	水准测量

2.4.3　强夯地基

强夯法是利用起重机械将大吨位夯锤起吊到 6～30 m 高度后让其自由落下，给地基土以强大冲击能量的夯击，在土中形成冲击波和很大的冲击压力，迫使土层孔隙压缩，土体出现局部液化并在夯击点周围产生裂隙，形成良好的排水通道，使孔隙水和气体逸出，土颗粒重新排列，经时效压密至固结，从而提高地基承载力、降低其压缩性并减少或消除土体的湿陷性。

实践证明，经强夯处理的地基，其承载力显著提高，其压缩性明显降低。强夯法一般可用于处理碎石土、砂土、低饱和度的粉土和黏性土、湿陷性黄土、杂填土和素填土地基，也可在不深的水中夯实地基。

1. 施工质量控制要点

（1）施工前要做好强夯地基地质勘察，对不均匀土层适当增加钻孔和原位测试工作，掌握土质情况，作为制定强夯方案和对比夯前、夯后加固效果之用；要查明强夯影响范围内的地下构筑物和各种地下管线的位置及标高，采取必要的防护措施，避免强夯施工造成破坏。

（2）施工前应检查夯锤质量、尺寸、落锤控制手段及落距、夯击遍数、夯点布置、夯击范围，进行现场试夯，用以确定施工参数。

（3）施工中检查落距、夯击遍数、夯点位置和夯击范围。如无经验，宜先试夯，取得各类施工参数后再进行正式施工。对透水性差、含水量高的土层，前后两遍夯击应有一定间歇期，一般为 2～4 周。夯点超出须加固的范围应为加固深度的 1/3～1/2，且不小于 3 m。

（4）夯击时，落锤应保持平稳，夯位应准确，夯击坑内积水应及时排除。坑底含水量过大时，可铺砂石后再进行夯击。

（5）强夯应分段进行，顺序从边缘夯向中央。对厂房柱基亦可一排一排夯，起重机直线行驶，从一边驶向另一边，每夯完一遍进行场地平整，放线定位后再进行下一遍夯击。强夯的施工顺序是先深后浅。

（6）对于高饱和度的粉土、黏性土和新饱和填土，进行强夯时可采取以下措施。

① 适当将夯击能量降低。

② 将夯沉量差适当加大。

③ 填土采取将原土上的淤泥清除，挖纵横盲沟，以排除土内的水分，同时在原土上铺50 cm 的砂石混合料，以保证强夯时土内水分的排除，在夯坑内回填块石、碎石或矿渣等粗颗粒材料，进行强夯置换等措施。

（7）做好施工过程中的监测和记录工作，包括检查夯锤重量和落距，对夯点放线进行复核，检查夯坑位置，按要求检查每个夯点的夯击次数、每夯的夯沉量等。对各项施工参数、施工过程实施情况做好详细记录，作为质量控制的依据。

（8）雨期强夯施工，在场地四周设置排水沟、截洪沟，防止雨水侵入夯坑；雨后抓紧排水，推掉表面稀泥和软土后再碾压，夯后把夯坑立即填平、压实，使之高于四周。

2. 施工质量检验标准

强夯地基质量检验标准应符合表 2 – 12 的要求。

表 2 – 12 　强夯地基质量检验标准

项目	序号	检查项目	允许偏差或允许值	检验方法
主控项目	1	地基承载力	不小于设计值	静载试验
	2	处理后地基土的强度	不小于设计值	原位测试
	3	变形指标	设计值	原位测试
一般项目	1	夯锤落距	±300 mm	钢索设标志
	2	夯锤重量	±100 kg	称重
	3	夯击遍数	不小于设计值	计数法
	4	夯击顺序	设计要求	检查施工记录
	5	夯击击数	不小于设计值	计数法
	6	夯点位置	±500 mm	用钢尺量
	7	夯击范围（超出基础范围距离）	设计要求	用钢尺量
	8	前后两遍间歇时间	设计值	检查施工记录
	9	最后两击平均夯沉量	设计值	水准测量
	10	场地平整度	±100 mm	水准测量

2.4.4 复合地基

复合地基是指部分土体被增强或被置换，形成由地基土和竖向增强体共同承担荷载的人工地基。目前在工程中应用的竖向增强体主要有碎石或砂石桩、灰土或素土挤密桩、水泥土搅拌桩、夯实水泥土桩、水泥粉煤灰碎石桩等。

1. 水泥土搅拌桩复合地基

（1）施工质量控制要点。

① 检查水泥及外掺剂和土体是否符合要求，调整好搅拌机、灰浆泵、拌浆机等设备。

② 施工现场事先应予平整，必须清除地上、地下一切障碍物。潮湿和场地低洼时应抽水和清淤，分层夯实回填黏性土料，不得回填杂填土或生活垃圾。

③ 承重水泥土搅拌桩施工时，设计停浆（灰）面应高出基础底面标高 300～500 mm（基础埋深大取小值，反之取大值）。在开挖基坑时，应将施工质量较差段用人工挖除，以防止桩顶与挖土机械碰撞发生断裂现象。

④ 为保证水泥土搅拌桩的垂直度，应注意起吊搅拌设备的平整度和导向架的垂直度，水泥土搅拌桩的垂直度应控制在 ±1.5% 范围内，桩位布置偏差不得大于 50 mm，桩径偏差不得大于 0.04 D（D 为设计桩径）。

⑤ 每天开机前，应先测量搅拌头刀片直径是否达到要求，搅拌头刀片有磨损时应及时加焊，防止桩径偏小。

⑥ 施工中应检查机头提升速度、水泥浆或水泥注入量、搅拌桩的长度及标高。

⑦ 施工中因故停浆，应及时将搅拌头下沉至停浆点以下 0.5 m 处，待恢复供浆时再喷浆提升，停浆超过 3 h 以上，应拆卸输浆管路，并清洗干净。

⑧ 壁桩加固时，桩与桩的搭接长度宜大于 200 mm，搭接时间不大于 24 h。如因特殊情况超过 24 h 时，应对最后一根桩先进行空钻，留出榫头以待下一桩搭接。如间隔时间过长，与下一根桩无法搭接时，应在设计和监理方认可后，采取局部补桩或注浆措施。

⑨ 拌浆、输浆、搅拌等均应有专人记录，桩深记录误差不得大于 100 mm，时间记录误差不得大于 5 s。

⑩ 施工结束后，应检查桩体强度、桩体直径及地基承载力。进行强度检验时，对承重水泥土搅拌桩应取 90 d 后的试件，对支护桩应取 28 d 后的试件。

（2）施工质量检验标准。

水泥土搅拌桩复合地基质量检验标准应符合表 2-13 的规定。

表 2 – 13　水泥土搅拌桩复合地基质量检验标准

项目	序号	检查项目	允许偏差或允许值		检验方法
主控项目	1	复合地基承载力	不小于设计值		静载试验
	2	单桩承载力	不小于设计值		静载试验
	3	水泥用量	不小于设计值		查看流量表
	4	搅拌叶回转直径	±20 mm		用钢尺量
	5	桩长	不小于设计值		测钻杆长度
	6	桩体强度	不小于设计值		28 d 试件强度或钻芯法
一般项目	1	水胶比	设计值		实际用水量与水泥等胶凝材料的重量比
	2	提升速度	设计值		测机头上升距离及时间
	3	下沉速度	设计值		测机头下沉距离及时间
	4	桩位	条基边桩沿轴线	≤1/4D	全站仪或用钢尺量
			垂直轴线	≤1/6D	
			其他情况	≤2/5D	
	5	桩顶标高	±200 mm		水准测量，最上部 500 mm 浮浆层及劣质桩体不计入
	6	导向架垂直度	≤1/150		经纬仪测量
	7	褥垫层夯填度	≤0.9		水准测量

注：D 为设计桩径（单位为 mm）。

2. 砂桩复合地基

（1）施工质量控制要点。

① 施工前应检查砂料的含泥量和有机质含量、样桩的位置等。

② 采用振冲法施工时，应控制好填砂量、提升速度和高度、挤压次数和时间，以及电动机的工作电流等。拔管速度为 1～1.5 m/min，且振动过程不断以振动棒捣实管中砂料，使其密实。

③ 砂桩施工应从外围或两侧向中间进行。灌砂量应按桩孔的体积和砂在中密状态时的干密度计算，其实际灌砂量（不包括水量）不得少于计算的 95%。如发现砂量不足或砂桩中断等情况，可在原位进行复打灌砂。

④ 施工中应检查每根砂桩的桩位、灌砂量、标高、垂直度等。振冲法施工中尚应检查密实电流、供水压力、供水量、填料量、留振时间、振冲点位置、振冲器施工参数等。

⑤ 施工结束后，应进行复合地基承载力、桩体密实度等检验。

（2）施工质量检验标准。

砂桩复合地基质量检验标准应符合表 2 – 14 的规定。

表 2 – 14　砂桩复合地基质量检验标准

项目	序号	检查项目	允许偏差或允许值	检验方法
主控项目	1	复合地基承载力	不小于设计值	静载试验
	2	桩体密实度	不小于设计值	重型动力触探
	3	填料量	≥ – 5%	实际用料量与计算填料量体积比
	4	孔深	不小于设计值	测钻杆长度或用测绳
一般项目	1	填料的含泥量	≤5%	水洗法
	2	填料的有机质含量	≤5%	灼烧减量法
	3	填料粒径	设计要求	筛析法
	4	桩间土强度	不小于设计值	标准贯入试验
	5	桩位	≤0.3D	全站仪或用钢尺量
	6	桩顶标高	不小于设计值	水准测量，将顶部预留的松散桩体挖出后测量
	7	密实电流	设计值	查看电流表
	8	留振时间	设计值	用表计时
	9	褥垫层夯填度	≤0.9	水准测量

注：1. 夯填度是指夯实后的褥垫层厚度与虚铺厚度的比值；
　　2. D 为设计桩径（单位为 mm）。

任务 2.5　桩基础工程

桩基础由基桩和连接于桩顶的承台共同组成。基桩按承载性质可分为端承型桩和摩擦型桩，按制作工艺可分为预制桩和灌注桩，按桩身材料可分为钢桩、钢筋混凝土桩等。

2.5.1　一般规定

（1）桩基础工程（简称桩基工程）施工前应对放好的轴线和桩位进行复核。群桩桩位的放样允许偏差应为 20 mm，单排桩桩位的放样允许偏差应为 10 mm。

（2）桩基工程的桩位验收，除设计有规定外，应按下述要求进行。

① 当桩顶设计标高与施工场地标高相同时，或桩基施工结束后，有可能对桩位进行检查时，桩基工程的验收应在施工结束后进行。

② 当桩顶设计标高低于施工场地标高，送桩后无法对桩位进行检查时，对打入桩可在每根桩桩顶沉至场地标高时，进行中间验收，待全部桩施工结束，承台或底板开挖到设计标高后，再做最终验收。对灌注桩可对护筒位置做中间验收。

（3）桩基验收时应包括下列资料。

① 工程地质勘察报告、桩基施工图、图纸会审纪要、设计变更单及材料代用通知单等。

② 经审定的施工组织设计、施工方案及执行中的变更情况。

③ 桩位测量放线图，包括工程桩位线复核签证单。

④ 成桩质量检查报告。

⑤ 单桩承载力检测报告。

⑥ 基坑挖至设计标高的基桩竣工平面图及桩顶标高图。

（4）人工挖孔桩终孔时，应进行桩端持力层检验。对单柱单桩的大直径嵌岩桩，应视岩性检验桩底下 $3D$（D 为桩直径）或 $5\,m$ 深度范围内有无空洞、破碎带、软弱夹层等不良地质条件。

（5）人工挖孔桩应逐孔进行终孔验收，终孔验收的重点是持力层的岩土特征。对单柱单桩的大直径嵌岩桩，其承载能力主要取决于嵌岩段特征和下卧层的持力性状；终孔时，应用超前钻逐孔对孔底下 $3D$ 或 $5\,m$ 深度范围内持力层进行检验，查明是否存在溶洞、破碎带和软弱夹层等，并提供岩芯抗压强度试验报告。

（6）预制桩（钢桩）的桩位偏差应符合表 2 – 15 的规定。斜桩倾斜度的偏差应为倾斜角正切值的 15%（倾斜角系桩的纵向中心线与铅垂线间的夹角）。

表 2 – 15　预制桩（钢桩）的桩位允许偏差

序号	检查项目		允许偏差/mm
1	带有基础梁的桩	垂直基础梁的中心线	$100 + 0.01H$
		沿基础梁的中心线	$150 + 0.01H$
2	承台桩	桩数为 1～3 根桩基中的桩	$100 + 0.01H$
		桩数大于或等于 4 根桩基中的桩	$1/2$ 桩径 $+ 0.01H$ 或 $1/2$ 边长 $+ 0.01H$

注：H 为桩基施工面至设计桩顶的距离（单位为 mm）。

桩位偏差要求是桩基工程中的最基本要求。在实际施工时，由成桩工序不当，测量控制桩走位，轴线放样错误或成桩工艺、设备不完善，造成成桩的最终桩位偏差过大的事例并不少见，以致承台面积扩大或增加桩量，导致原桩报废。

表2-16中的数值未计及由降水和基坑开挖等造成的位移，但由于打桩顺序不当，造成挤土而影响已入土桩的位移包括在表列数值中。为此，必须在施工中考虑合适的打桩顺序及打桩速率。布桩密集的基础工程应有必要的措施来减少沉桩的挤土影响。

（7）灌注桩的桩径、垂直度及桩位偏差应符合表2-16的规定。桩顶混凝土面标高应至少大于设计标高0.5 m，水下灌注时桩顶混凝土面标高应至少大于设计标高0.8 m。桩底清孔质量按不同成桩工艺的不同要求检验。

表2-16 灌注桩的桩径、垂直度及桩位允许偏差

序号	成孔方法		桩径允许偏差/mm	垂直度允许偏差	桩位允许偏差/mm
1	泥浆护壁钻孔桩	$D < 1\,000$ mm	≥ 0	1/100	$70 + 0.01H$
		$D \geq 1\,000$ mm			$100 + 0.01H$
2	套管成孔灌注桩	$D < 500$ mm	≥ 0	1/100	$70 + 0.01H$
		$D \geq 500$ mm			$100 + 0.01H$
3	干成孔灌注桩		≥ 0	1/100	$70 + 0.01H$
4	人工挖孔桩		≥ 0	1/200	$50 + 0.005H$

注：H 为桩基施工面至设计桩顶的距离（单位为 mm），D 为设计桩径（单位为 mm）。

（8）灌注桩混凝土强度检验的试件应在施工现场随机抽取。来自同一搅拌站的混凝土，每浇筑 50 m³ 必须至少留置 1 组试件；当混凝土浇筑量不足 50 m³ 时，每连续浇筑 12 h 必须至少留置 1 组试件。对单柱单桩，每根桩应至少留置 1 组试件。

（9）工程桩应进行承载力检验。对于地基基础设计等级为甲级或地质条件复杂、成桩质量可靠性低的灌注桩，应采用静载荷试验的方法对桩基承载力进行检验，检验桩数不应少于总桩数的 1%，且不应少于 3 根，当总桩数少于 50 根时，检验桩数不应少于 2 根。在有经验和对比资料的地区，设计等级为乙级、丙级的桩基，可采用高应变法对桩基进行竖向抗压承载力检测，检测数量不应少于总桩数的 5%，且不应少于 10 根。承载力检验不仅能检验施工的质量，也能检验设计是否达到工程的要求。因此，施工前的试桩如没有破坏而又用于实际工程中，应可作为验收的依据。

（10）工程桩应进行桩身质量检验。对设计等级为甲级或地质条件复杂、成桩质量可靠性低的灌注桩，其抽检数量不应少于总桩数的 30%，且不应少于 20 根；其他桩基工程，抽检数量不应少于总桩数的 20%，且不应少于 10 根；对混凝土预制桩及地下水位以上且终孔后经过核验的灌注桩，检验数量不应少于总桩数的 10%，且不得少于 10 根。每个柱子承台下的桩抽检数量不应少于 1 根。

（11）砂、石子、钢材、水泥等原材料的质量、检验项目、批量和检验方法，应符合国家现行标准的规定。

【典型案例 2-7】

某综合楼工程，地下三层，地上二十层，总建筑面积 68 000 m²。地基基础设计等级为甲级，灌注桩筏板基础，现浇钢筋混凝土框架-剪力墙结构。

典型案例 2-7 解析

基础桩设计桩径 φ800 mm、长度 35～42 m，混凝土强度等级为 C30，共计 900 根。施工单位编制的桩基施工方案中列明：采用泥浆护壁成孔、导管法水下灌注 C30 混凝土；灌注时桩顶混凝土面超过设计标高 500 mm；每根桩留置 1 组混凝土试件；成桩后按总桩数的 20% 对桩身质量进行检验。监理工程师审查认为方案存在错误，要求施工单位改正后重新上报。

问：桩基施工方案中有哪些错误之处？分别写出相应的正确做法。

2.5.2　钢筋混凝土灌注桩

1. 施工质量控制要点

（1）施工前应对水泥、砂、石子（如现场拌制）、钢材等原材料进行检查，对施工组织设计中制定的施工顺序、监测手段（包括仪器、方法）也应进行检查。

（2）成孔深度应符合下列要求。

① 对于摩擦型桩，以设计桩长控制成孔深度；端承摩擦桩必须保证设计桩长及桩端进入持力层深度；当采用锤击沉管法成孔时，桩管入土深度控制以标高为主，以贯入度控制为辅。

② 对于端承型桩，当采用冲（钻）、挖掘成孔时，必须保证桩孔进入设计持力层的深度；当用锤击沉管法成孔时，沉管入土深度控制以贯入度为主，以设计持力层为辅。

（3）钢筋笼的制作应符合下列要求。

① 钢筋的种类、钢号及规格尺寸应符合设计要求。

② 钢筋笼的绑扎场地宜选择现场内运输和就位都比较方便的地方。

③ 钢筋笼的绑扎顺序是先将主筋间距布置好，待架立筋固定后，再按规定的间距绑扎箍筋。主筋净距必须大于混凝土粗集料粒径 3 倍以上。主筋与架立筋、箍筋之间的连接点可用电弧焊接等方法。主筋一般不设弯钩，根据施工工艺要求所设弯钩不得向钢筋笼内伸露，以免妨碍导管工作。钢筋笼的内径应比导管接头处的外径大 100 mm 以上。

④ 从加工、运输、吊装及控制变形等因素综合考虑，钢筋笼不宜过长，应分段制作。钢筋笼分段长度一般为 8 m 左右，但对于长桩，在采取一些辅助措施后，分段长度也可为 12 m 左右或更长一些。

⑤ 为防止钢筋笼在搬运、吊装和安放时变形，可采取下列措施。

a. 每隔 2.0 ~ 2.5 m 设置加劲箍一道，加劲箍宜设置在主筋的外侧；在钢筋笼内每隔 3 ~ 4 m 装一个可拆卸的十字形临时加劲架，在钢筋笼安放入孔后再拆除。

b. 在直径为 2 ~ 3 m 的大直径桩中，可使用角钢或扁钢作为架立筋，以增大钢筋笼的刚度。

c. 在钢筋笼外侧或内侧的轴线方向安设支柱。

（4）钢筋笼的堆放、搬运和起吊应严格执行相关规程，应考虑安放入孔的顺序及钢筋笼变形等因素。堆放时，支垫数量要足够，支垫位置应适当，以堆放两层为好。如果能合理使用架立筋牢固绑扎，可以堆放三层。对在堆放、搬运和起吊过程中已经发生变形的钢筋笼，应进行修理后再使用。

（5）钢筋笼入孔前，要先进行清孔，清孔时应把泥渣清理干净，保证实际有效孔深满足设计要求，以免钢筋笼放不到设计深度。

（6）钢筋笼的安放与连接。钢筋笼安放入孔要对准孔位，垂直缓慢地放入孔内，避免碰撞孔壁。钢筋笼放入孔内后，要立即采取措施固定好位置。当桩长度较大时，钢筋笼采取逐段接长放入孔内，先将第一段钢筋笼放入孔中，利用其上部架立筋暂时固定在护筒或套管等上部，然后吊起第二段钢筋笼，准确就位后，其接头用焊接连接。钢筋笼安放完毕后，必须检测确认钢筋笼顶端的高度。

（7）钢筋笼主筋保护层厚度应符合下列要求。

① 在钢筋笼周围主筋上每隔固定间距设置混凝土垫块，混凝土垫块根据保护层厚度及孔径设计。垫块设置数量每节钢筋笼不应小于 2 组，长度大于 12 m 的中间加设 1 组，每组块数不得小于 3 块，且均匀分布在同一截面的主筋上。

② 用导向钢管控制保护层厚度，钢筋笼由导管中放入，导向钢筋长度宜与钢筋笼长度一致，在灌注混凝土过程中再分段拔出导管或灌注完混凝土后一次拔出。

③ 在主筋外侧安设定位器。在同一断面上设置 4 ~ 6 处定位器，间距为 2 ~ 10 m。

④ 主筋的混凝土保护层厚度：对于水下灌注混凝土桩，不应小于 50 mm，允许偏差为 ± 20 mm；对于非水下灌注混凝土桩，不应小于 30 mm，允许偏差为 ± 10 mm。

（8）施工结束后，应检查混凝土强度，并做桩体质量及承载力的检验。

2. 施工质量检验标准

泥浆护壁成孔灌注桩钢筋笼质量检验标准应符合表 2 - 17 的规定。

表 2 - 17　泥浆护壁成孔灌注桩钢筋笼质量检验标准

序号	检查项目	允许偏差或允许值	检验方法
1	主筋间距	±10 mm	用钢尺量
2	长度	±100 mm	用钢尺量

续表

序号	检查项目	允许偏差或允许值	检验方法
3	钢筋材质检验	设计要求	抽样送检
4	箍筋间距	±20 mm	用钢尺量
5	笼直径	±10 mm	用钢尺量

泥浆护壁成孔灌注桩质量检验标准应符合表 2 – 18 的规定。

表 2 – 18　泥浆护壁成孔灌注桩质量检验标准

项目	序号	检查项目		允许偏差或允许值	检验方法
主控项目	1	承载力		不小于设计值	静载试验
	2	孔深		不小于设计值	用测绳或井径仪测量
	3	桩身完整性		—	钻芯法，低应变法，声波透射法
	4	混凝土强度		不小于设计值	28 d 试块强度或钻芯法
	5	嵌岩深度		不小于设计值	取岩样或超前钻孔取样
一般项目	1	垂直度		见表 2 – 17	用超声波或井径仪测量
	2	桩径			用超声波或井径仪测量
	3	桩位			全站仪或用钢尺量开挖前量护筒，开挖后量桩中心
	4	泥浆指标	比重（黏土或砂性土中）	1.10 ~ 1.25	用比重计测，清孔后在距孔底 500 mm 处取样
			含砂率	≤8%	洗砂瓶
			黏度	18 ~ 20 s	黏度计
	5	泥浆面标高（高于地下水位）		0.5 ~ 1.0 m	目测法
	6	沉渣厚度	端承型桩	≤50 mm	用沉渣仪或重锤测
			摩擦型桩	≤150 mm	
	7	混凝土坍落度		180 ~ 220 mm	坍落度仪
	8	钢筋笼安装深度		+100 mm 0 mm	用钢尺量
	9	混凝土充盈系数		≥1.0	实际灌注量与计算灌注量的比

续表

项目	序号	检查项目		允许偏差或允许值	检验方法
一般项目	10	桩顶标高		+30 mm −50 mm	水准测量，需扣除桩顶浮浆层及劣质桩体
	11	后注浆	注浆终止条件	注浆量不小于设计要求	查看流量表
				注浆量不小于设计要求80%，且注浆压力达到设计值	查看流量表，检查压力表读数
			水胶比	设计值	实际用水量与水泥等胶凝材料的重量比
	12	扩底桩	扩底直径	不小于设计值	井径仪测量
			扩底高度	不小于设计值	

【典型案例 2 – 8】

典型案例2–8解析

　　某新建商住楼工程，钢筋混凝土框架－剪力墙结构，基础桩为泥浆护壁钻孔灌注桩。项目部进场后，在泥浆护壁灌注桩钢筋笼作业交底会上，重点强调钢筋笼制作和钢筋笼保护层垫块的注意事项，要求钢筋笼分段制作，分段长度要综合考虑成笼的三个因素。钢筋笼保护层垫块，每节钢筋笼不少于2组，长度大于12 m的中间加设1组，每组块数2块，垫块可自由分布。

　　问：灌注桩钢筋笼制作和安装需要综合考虑哪三个因素？钢筋笼保护层的设置数量及位置有哪些错误？请改正。

2.5.3　钢筋混凝土预制桩

1. 施工质量控制要点

（1）施工前应检查进入现场的成品桩、接桩用电焊条等产品质量。

（2）场地应碾压平整，地基承载力不小于200 kPa，打桩前应认真检查施工设备，将导杆调直。

（3）按施工方案合理安排打桩路线，避免压桩及挤桩。

（4）桩位放样应采用不同方法二次核样。底桩桩身倾斜率应不大于0.5%，其余桩桩身倾斜率应不大于0.8%。

（5）桩间距小于3.5D（D为设计桩径）时，宜采用跳打，应控制每天打桩根数，同一区域内不宜超过 12 根桩，以避免桩体上浮，桩身倾斜。

（6）施打时，应保证桩锤、桩帽、桩身中心线在同一条直线上，保证打桩时不偏心受力。

（7）打底桩时，应采用重锤或冷锤施工，将底桩徐徐打入，调直桩身垂直度，遇地下障碍物时，应及时清理后再进行施工。

（8）接桩时，焊缝应连续饱满，焊渣应清除；焊接自然冷却时间应不少于规定值；地下水位较高时，应适当延长冷却时间，避免焊缝遇水脆裂；对接后间隙应用不超过 5 mm 钢片塞填，以保证打桩时桩顶不偏心受力，避免接头脱节。

（9）施工过程中应检查桩的贯入情况、桩顶完整状况、电焊接桩质量、桩体垂直度、电焊后的停歇时间。重要工程应对电焊接头抽样 10% 进行焊缝探伤检查。

（10）施工结束后，应做承载力检验及桩体质量检验。

2. 施工质量检验标准

锤击预制桩质量检验标准应符合表 2 - 19 的规定。

表 2 - 19　锤击预制桩质量检验标准

项目	序号	检查项目	允许偏差或允许值	检验方法
主控项目	1	承载力	不小于设计值	静载试验、高应变法等
	2	桩身完整性	—	低应变法
一般项目	1	成品桩质量	表面平整，颜色均匀，掉角深度小于 10 mm，蜂窝面积小于总面积的 0.5%	查产品合格证书
	2	桩位	见表 2 - 16	全站仪或用钢尺量
	3	电焊条质量	设计要求	查产品合格证
	4	接桩：焊缝质量	按钢桩施工质量检验标准	按钢桩施工质量检验标准
		电焊结束后停歇时间	≥8（3）min	用表计时
		上下节平面偏差	≤10 mm	用钢尺量
		节点弯曲矢高	同桩体弯曲要求	用钢尺量
	5	收锤标准	设计要求	用钢尺量或查沉桩记录
	6	桩顶标高	±50 mm	水准测量
	7	垂直度	≤1/100	经纬仪测量

注：电焊结束后停歇时间项括号中为采用二氧化碳气体保护焊时的数值。

静压预制桩质量检验标准应符合表 2 - 20 的规定。

表 2 – 20　静压预制桩质量检验标准

项目	序号	检查项目	允许偏差或允许值	检验方法
主控项目	1	承载力	不小于设计值	静载试验、高应变法等
	2	桩身完整性	—	低应变法
一般项目	1	成品桩质量	表面平整，颜色均匀，掉角深度小于 10 mm，蜂窝面积小于总面积的 0.5%	查产品合格证书
	2	桩位	见表 2 – 16	全站仪或用钢尺量
	3	电焊条质量	设计要求	查产品合格证
	4	接桩：焊缝质量	按钢桩施工质量检验标准	按钢桩施工质量检验标准
		电焊结束后停歇时间	≥6（3）min	用表计时
		上下节平面偏差	≤10 mm	用钢尺量
		节点弯曲矢高	同桩体弯曲要求	用钢尺量
	5	终压标准	设计要求	现场实测或查沉桩记录
	6	桩顶标高	±50 mm	水准测量
	7	垂直度	≤1/100	经纬仪测量
	8	混凝土灌芯	设计要求	查灌注量

注：电焊结束后停歇时间项括号中为采用二氧化碳气体保护焊时的数值。

任务 2.6　地基与基础工程验收

地基与基础工程是一个分部工程，包括土方工程、基坑支护工程、地基处理工程、基础工程等子分部工程，各子分部工程由若干分项工程组成，各分项工程又由一个或多个检验批组成。检验批是工程验收的最小单位，是分项工程、分部（子分部）工程和整个建筑工程质量验收的基础。

（1）分项工程、分部（子分部）工程质量的验收均应在施工单位自检合格的基础上进行。施工单位确认自检合格后应向监理单位提出工程验收申请，工程验收时应提供下列技术文件和记录。

① 原材料的质量合格证和质量鉴定文件。

② 半成品如预制桩、钢桩、钢筋笼等产品合格证书。

③ 施工记录及隐蔽工程验收文件。

④ 检测试验及见证取样文件。

⑤ 其他必须提供的文件或记录。

（2）对隐蔽工程应进行中间验收。

（3）分部（子分部）工程验收应由总监理工程师组织建设单位、勘察单位、设计单位和施工单位的项目负责人、项目技术负责人，共同按设计要求和国家有关规范及其他有关规定进行。

（4）质量验收的程序和组织应按现行国家标准《建筑工程施工质量验收统一标准》（GB 50300—2013）的规定执行。验收工作应按下列规定进行。

① 分项工程的质量验收应分别按主控项目和一般项目验收。

② 隐蔽工程应在施工单位自检合格后，于隐蔽前通知有关人员检查验收，并形成中间验收文件。

③ 分部（子分部）工程的验收应在分项工程通过验收的基础上，对必要的部位进行见证检验。

（5）主控项目必须符合验收标准规定，发现问题应立即处理直至符合要求，一般项目应有80% 合格。地基基础标准试件强度评定不满足要求或对试件的代表性有怀疑时，应对实体进行强度检测，当检测结果符合设计要求时，可按合格验收。

（6）原材料的质量检验应符合下列规定。

① 钢筋、混凝土等原材料的质量检验应符合设计要求和现行国家标准《混凝土结构工程施工质量验收规范》（GB 50204—2015）的规定。

② 钢材、焊接材料和连接件等原材料及成品的进场、焊接或连接检测应符合设计要求和现行国家标准《钢结构工程施工质量验收标准》（GB 50205—2020）的规定。

③ 砂、石子、水泥、石灰、粉煤灰、矿（钢）渣粉等掺合料、外加剂等原材料的质量、检验项目、批量和检验方法，应符合国家现行有关标准的规定。

【典型案例 2 - 9】

某办公楼工程，地下室结构完成，施工单位自检合格后，项目负责人立即组织总监理工程师及建设单位、勘察单位、设计单位项目负责人进行地基基础分部工程验收。

问：本工程地基基础分部工程的验收程序有哪些不妥之处？并说明理由。

典型案例 2 - 9 解析

巩固练习

1. 地基与基础工程的施工，遇到何种情况时，应进行专门的施工勘察？

2. 土方开挖工程施工质量检验包括哪些检查项目？

3. 土方回填工程的施工质量控制要点包括哪些内容？

4. 排桩墙支护工程的排桩施工应符合哪些要求？

5. 水泥土墙支护工程的施工质量控制要点包括哪些内容？

6. 锚杆及土钉墙支护工程施工质量检验包括哪些检查项目？

7. 灰土地基的施工质量控制要点包括哪些内容？

8. 砂和砂石地基施工质量检验包括哪些检查项目？

9. 强夯地基施工质量检验包括哪些检查项目？

10. 水泥土搅拌桩地基的施工质量控制要点包括哪些内容？

11. 砂桩地基施工质量检验包括哪些项目？

12. 桩基验收时应包括哪些资料？

13. 泥浆护壁成孔灌注桩质量检验的主控项目有哪些？

14. 锤击预制桩质量检验包括哪些检查项目？

15. 施工单位确认自检合格后提出工程验收申请，此时应提供哪些技术文件和记录？

在线自测

项目 2 在线自测

项目3 PROJECT 3

混凝土结构工程质量检验

项目概述

　　建筑主体结构一般是指工业与民用建筑物中由梁、板、柱等构件组成的骨架部分的总称，常被简称为结构。主体结构是基于地基与基础之上，承担和传递建筑物或构筑物在使用周期内所有上部作用，维持上部结构的整体性、稳定性和安全性的骨架体系，它和地基、基础一起共同构成完整的建筑结构承重体系。主体结构因所用的建筑材料和建造方式不同，又被分为混凝土结构、砌体结构、钢结构、木结构等。

　　混凝土结构是以混凝土为主制成的结构，具有坚固、耐久、防火性能好、节省钢材、成本低等优点，在世界范围内都有着广泛的应用。我国现已成为21世纪混凝土超级大国，其中2019年投入运营的北京大兴国际机场是标志性项目之一。该项目创造了40余项国际、国内第一，技术专利103项，新工法65项，国产化率达98%以上。上千家施工单位，施工高峰期间5万余人同时作业，全过程保持了"安全生产零事故"，全面实现廉洁工程目标。其航站楼为钢筋混凝土框架结构，南北长960 m，东西宽1 100 m，由核心区和5个指廊组成，建筑面积约80万 m²，地下2层，地上5层，建筑高度50 m，是目前世界上最大的减隔震建筑，建设了目前世界最大单块混凝土板，成为我国建筑史上的一座里程碑。

　　混凝土结构按照所使用的建筑材料分类，可分为素混凝土结构、钢筋混凝土结构和预应力混凝土结构；按照施工方法分类，可分为现浇混凝土结构和装配式混凝土结构。混凝土结构工程又可划分为模板、钢筋、预应力、混凝土、现浇结构和装配式结构等分项工程。在本项目中，我们将主要学习混凝土结构各分项工程的施工质量检验。

学习目标

1. 熟悉混凝土结构工程施工质量检验的内容和基本规定。
2. 掌握混凝土结构各分项工程质量检验的一般规定和检验标准。
3. 掌握结构实体检验的范围、内容和方法。
4. 熟悉混凝土结构子分部工程施工质量验收的相关要求。
5. 能够依据有关规范和标准实施混凝土结构工程的施工质量控制和检验，具有预防和处理混凝土结构工程质量问题的初步能力。
6. 增强工程施工过程中防范风险和事故的安全意识以及职业道德和职业责任感。

依托标准

《混凝土结构工程施工质量验收规范》（GB 50204—2015）。

任务 3.1　基本规定

混凝土结构工程是建筑主体结构工程的子分部工程，可划分为模板、钢筋、预应力、混凝土、现浇结构和装配式结构等分项工程。各分项工程可根据与生产和施工方式相一致且便于控制施工质量的原则，按进场批次、工作班、楼层、结构缝或施工段划分为若干检验批。

混凝土结构子分部工程的质量验收应在钢筋、预应力、混凝土、现浇结构和装配式结构等相关分项工程验收合格的基础上，进行质量控制的资料检查、观感质量验收及结构实体检验。分项工程的质量验收应在所含检验批验收合格的基础上，进行质量验收记录检查。检验批、分项工程、混凝土结构子分部工程的质量验收记录可参考《混凝土结构工程施工质量验收规范》（GB 50204—2015）附录 A。

检验批的质量验收应包括实物检查和资料检查，并应符合下列规定。

（1）主控项目的质量经抽样检验均应合格。

（2）一般项目的质量经抽样检验应合格；一般项目当采用计数抽样检验时，除规范有专门规定外，其合格点率应达到 80% 及以上，且不得有严重缺陷。

（3）应具有完整的质量检验记录，重要工序应具有完整的施工操作记录。

检验批抽样样本应随机抽取，并应满足分布均匀、具有代表性的要求。不合格检验批的处理应符合下列规定。

（1）材料、构配件、器具及半成品检验批不合格时不得使用。

（2）混凝土浇筑前施工质量不合格的检验批，应返工、返修，并应重新验收。

（3）混凝土浇筑后施工质量不合格的检验批，应按有关规定进行处理。

获得认证的产品或来源稳定且连续三批均一次检验合格的产品，进场验收时检验批的容量可按有关规定扩大一倍，且检验批容量仅可扩大一倍。扩大检验批后的检验中，出现不合格情况时，应按扩大前的检验批容量重新验收，且该产品不得再次扩大检验批容量。

混凝土结构工程采用的材料、构配件、器具及半成品应按进场批次进行检验。属于同一工程项目且同期施工的多个单位工程，对同一厂家生产的同批材料、构配件、器具及半成品，可统一划分检验批进行验收。

【典型案例 3-1】

某新建住宅群体工程，采用混凝土结构，包含 10 栋装配式高层住宅、5 栋现浇框架小高层公寓、1 栋社区活动中心及地下车库，总建筑面积 31.5 万 m²。

典型案例 3-1 解析

问：该住宅群体工程主体结构分部的混凝土结构子分部包含哪些分项工程？

任务 3.2　模板分项工程

3.2.1　一般规定

模板分项工程是对混凝土浇筑成型用的模板及支架的设计、安装、拆除等一系列技术工作和所完成实体的总称。

（1）模板工程应编制施工方案。模板工程施工方案一般包括模板及支架的类型，模板及支架的材料要求，模板及支架的计算书和施工图，模板及支架的安装、拆除相关技术措施，施工安全和应急措施（预案）、文明施工、环境保护等技术要求。爬升式模板工程、工具式模板工程及高大模板支架工程的施工方案应按有关规定进行技术论证。

（2）模板及支架属于施工过程中的临时结构，其受力情况较为复杂，在施工过程中可能遇到多种不同的荷载及其组合，某些荷载还具有不确定性，故其设计既要符合建筑结构设计的基本要求，考虑结构形式、荷载大小等，又要结合施工过程的安装、使用和拆除等各种主要工况进行，以保证其安全可靠，在任何一种可能遇到的工况下仍具有足够的承载力、刚度和稳固性。

3.2.2　模板安装工程施工质量检验标准

<主控项目>

（1）模板及支架用材料的技术指标应符合国家现行有关标准的规定，进场时应检查质量证明文件，以及通过观察、尺量等方法，抽样检验模板和支架材料的外观、规格和尺寸。

（2）现浇混凝土结构模板及支架的安装质量应符合国家现行有关标准的规定和施工方案的要求。

（3）后浇带处的模板及支架应独立设置。

（4）支架竖杆或竖向模板安装在土层上时，应符合下列规定。

① 土层应坚实、平整，其承载力或密实度应符合施工方案的要求。

② 应有防水、排水措施；对冻胀性土，应有预防冻融措施。

③ 支架竖杆下应有底座或垫板。

<一般项目>

（1）模板安装应符合下列规定。

① 模板的接缝应严密。

② 模板内不应有杂物、积水或冰雪等。

③ 模板与混凝土的接触面应平整、清洁。

④ 用作模板的地坪、胎膜等应平整、清洁，不应有影响构件质量的下沉、裂缝、起砂或起鼓。

⑤ 对清水混凝土及装饰混凝土构件，应使用能达到设计效果的模板。

（2）隔离剂的品种和涂刷方法应符合施工方案的要求。隔离剂不得影响结构性能及装饰施工；不得沾污钢筋、预应力筋、预埋件和混凝土接槎处；不得对环境造成污染。

（3）模板的起拱应符合现行国家标准《混凝土结构工程施工规范》（GB 50666—2011）的规定，通常跨度不小于 4 m 时宜起拱，起拱高度宜为梁、板跨度的 1/1 000 ~ 3/1 000，具体取值应根据具体工程情况并结合施工经验选择，对刚度较大的钢模板钢管支架等可采用较小值，对刚度较小的木模板木支架等可采用较大值。

（4）现浇混凝土结构多层连续支模应符合施工方案的规定。上下层模板支架的竖杆宜对准。竖杆下垫板的设置应符合施工方案的要求。

（5）固定在模板上的预埋件和预留孔洞不得遗漏，且应安装牢固。有抗渗要求的混凝土结构中的预埋件应按设计及施工方案的要求采取防渗措施。预埋件和预留孔洞的位置应满足设计和施工方案的要求。当设计无具体要求时，其安装允许偏差应符合表 3 – 1 的规定。

表 3 – 1 预埋件和预留孔洞安装允许偏差

检查项目		允许偏差/mm
预埋板中心线位置		3
预埋管、预留孔中心线位置		3
插筋	中心线位置	5
	外露长度	+10，0
预埋螺栓	中心线位置	2
	外露长度	+10，0
预留洞	中心线位置	10
	尺寸	+10，0

（6）现浇结构模板安装允许偏差和检验方法应符合表 3 – 2 的规定。

表 3 – 2 现浇结构模板安装允许偏差和检验方法

检查项目		允许偏差/mm	检验方法
轴线位置		5	尺量
底模上表面标高		±5	水准仪或拉线、尺量
模板内部尺寸	基础	±10	尺量
	柱、墙、梁	±5	尺量
	楼梯相邻踏步高差	5	尺量
柱、墙垂直度	层高≤6 m	8	经纬仪或吊线、尺量
	层高>6 m	10	经纬仪或吊线、尺量
相邻模板表面高差		2	尺量
表面平整度		5	2 m 靠尺和塞尺量测

（7）预制构件模板安装允许偏差和检验方法应符合表 3 – 3 的规定。

表 3 – 3 预制构件模板安装允许偏差和检验方法

检查项目		允许偏差/mm	检验方法
长度	梁、板	±4	尺量两侧边，取其中较大值
	薄腹梁、桁架	±8	
	柱	0，-10	
	墙板	0，-5	

续表

检查项目		允许偏差/mm	检验方法
宽度	板、墙板	0，−5	尺量两端及中部，取其中较大值
	梁、薄腹梁、桁架	+2，−5	
高（厚）度	板	+2，−3	尺量两端及中部，取其中较大值
	墙板	0，−5	
	梁、薄腹梁、桁架、柱	+2，−5	
侧向弯曲	梁、板、柱	$L/1\,000$ 且 ≤ 15	拉线、尺量最大弯曲处
	墙板、薄腹梁、桁架	$L/1\,500$ 且 ≤ 15	
板的表面平整度		3	2 m 靠尺和塞尺量测
相邻模板表面高差		1	尺量
对角线差	板	7	尺量两对角线
	墙板	5	
翘曲	板、墙板	$L/1\,500$	水平尺在两端量测
设计起拱	薄腹梁、桁架、梁	±3	拉线、尺量跨中

注：L 为构件长度，单位为 mm。

【典型案例 3-2】

典型案例 3-2 解析

某新建写字楼工程施工过程中，项目部进行质量检查时，发现现场安装完成的木模板内有铅丝及碎木屑，责令项目部进行整改。

问：混凝土浇筑前，项目部应对模板分项工程进行哪些检查？

【典型案例 3-3】

典型案例 3-3 解析

2016 年 11 月 24 日，江西丰城发电厂三期扩建工程发生冷却塔施工平台坍塌特别重大事故（见图 3-1），事故造成 73 人死亡，2 人受伤，直接经济损失超 1 亿元。

事故原因：施工单位为缩短工期在混凝土强度不足以拆卸模板的情况下违规拆卸模板，致使筒壁的混凝土强度不足以承受上部荷载，导致从底部薄弱处直至筒壁混凝土以及模架体系的坍塌。经调查认定，该事故是一起重大生产安全责任事故。

事故处理：2020 年 4 月 24 日，江西省宜春市中级人民法院和丰城市人民法院、奉新县人民法院、靖安县人民法院对江西丰城发电厂"11·24"冷却塔施工平台坍塌特大事故所涉 9 件刑事案件进行了公开宣判，对 28 名被告人和 1 个被告单位依法判处刑罚。

图 3-1　典型案例 3-3 图

问：什么是模板分项工程？该事故中质量员在模板分项工程质量检验中存在哪些过失？

任务 3.3　钢筋分项工程

3.3.1　一般规定

钢筋分项工程是普通钢筋及成型钢筋进场检验、钢筋加工、钢筋连接、钢筋安装等一系列技术工作和完成实体的总称。

（1）钢筋隐蔽工程反映钢筋分项工程施工的综合质量，在浇筑混凝土之前，为了确保受力钢筋的加工、连接、安装满足设计要求，应进行钢筋隐蔽工程验收，具体应包括下列主要内容。

① 纵向受力钢筋的牌号、规格、数量、位置。

② 钢筋的连接方式、接头位置、接头质量、接头面积百分率、搭接长度、锚固方式及锚固长度。

③ 箍筋、横向钢筋的牌号、规格、数量、间距、位置，箍筋弯钩的弯折角度及平直段长度。

④ 预埋件的规格、数量和位置。

（2）钢筋、成型钢筋进场检验，当满足下列条件之一时，可以认为其产品质量稳定，其检验批容量可扩大一倍。

① 获得认证的钢筋、成型钢筋。

② 同一厂家、同一牌号、同一规格的钢筋，连续三批均一次检验合格。

③ 同一厂家、同一类型、同一钢筋来源的成型钢筋，连续三批均一次检验合格。

3.3.2 材料质量检验标准

钢筋对混凝土结构的承载能力至关重要，对其质量应从严要求。

＜主控项目＞

（1）钢筋进场时，应按国家现行相关标准的规定抽取试件做屈服强度、抗拉强度、伸长率、弯曲性能和重量偏差检验，检验结果应符合相应标准的规定。具体检查数量按进场批次和产品的抽样检验方案确定，检验方法为检查质量证明文件和抽样检验报告。

（2）成型钢筋进场时，应抽取试件做屈服强度、抗拉强度、伸长率和重量偏差检验，检验结果应符合国家现行有关标准的规定。对由热轧钢筋制成的成型钢筋，当有施工单位或监理单位的代表驻厂监督生产过程，并提供原材钢筋力学性能第三方检验报告时，可仅进行重量偏差检验。同一厂家、同一类型、同一钢筋来源的成型钢筋的检查数量不超过30 t每批，每批中每种钢筋牌号、规格均应至少抽取1个钢筋试件，总数不应少于3个。

（3）对按一级、二级、三级抗震等级设计的框架和斜撑构件（含梯段）中的纵向受力普通钢筋应采用 HRB335E、HRB400E、HRB500E、HRBF335E、HRBF400E 或 HRBF500E 钢筋，其强度和最大力下总伸长率的实测值应符合下列规定。

① 抗拉强度实测值与屈服强度实测值的比值不应小于1.25。

② 屈服强度实测值与屈服强度标准值的比值不应大于1.30。

③ 最大力下总伸长率不应小于9%。

＜一般项目＞

（1）钢筋应平直、无损伤，表面不得有裂纹、油污、颗粒状或片状老锈。

（2）成型钢筋的外观质量和尺寸偏差应符合国家现行有关标准的规定。

（3）钢筋机械连接套筒、钢筋锚固板及预埋件的外观质量应符合国家现行有关标准的规定。

3.3.3 钢筋加工质量检验标准

＜主控项目＞

（1）钢筋弯折的弯弧内直径应符合下列规定。

① 光圆钢筋，不应小于钢筋直径的2.5倍。

② 335 MPa级、400 MPa级带肋钢筋，不应小于钢筋直径的4倍。

③ 500 MPa级带肋钢筋，当直径为28 mm以下时不应小于钢筋直径的6倍，当直径为28 mm及以上时不应小于钢筋直径的7倍。

④ 箍筋弯折处尚不应小于纵向受力钢筋的直径。

（2）纵向受力钢筋的弯折后平直段长度应符合设计要求。光圆钢筋末端做 180°弯钩时，弯钩的平直段长度不应小于钢筋直径的 3 倍。

（3）箍筋、拉筋的末端应按设计要求做弯钩，并应符合下列规定。

① 对一般结构构件，箍筋弯钩的弯折角度不应小于 90°，弯折后平直段长度不应小于箍筋直径的 5 倍；对有抗震设防要求或设计有专门要求的结构构件，箍筋弯钩的弯折角度不应小于 135°，弯折后平直段长度不应小于箍筋直径的 10 倍。

② 圆形箍筋的搭接长度不应小于其受拉锚固长度，且两末端弯钩的弯折角度不应小于135°，弯折后平直段长度对一般结构构件不应小于箍筋直径的 5 倍，对有抗震设防要求的结构构件不应小于箍筋直径的 10 倍。

③ 梁、柱复合箍筋中的单肢箍筋两端弯钩的弯折角度均不应小于 135°，弯折后平直段长度应符合本条第① 款对箍筋的有关规定。

（4）盘卷钢筋调直后应进行力学性能和重量偏差检验，其强度应符合国家现行有关标准的规定，其断后伸长率、重量偏差应符合表 3 - 4 的规定。力学性能和重量偏差检验应符合下列规定。

① 应对 3 个试件先进行重量偏差检验，再取其中 2 个试件进行力学性能检验。

② 重量偏差计算如下：

$$\Delta = \frac{W_d - W_0}{W_0} \times 100\%$$

式中：Δ——重量偏差；

$\quad W_d$——3 个调直钢筋试件的实际重量之和，kg；

$\quad W_0$——钢筋理论重量，kg，取每米理论重量（kg/m）与 3 个调直钢筋试件长度之和（m）的乘积。

③ 检验重量偏差时，试件切口应平滑并与长度方向垂直，其长度不应小于 500 mm；长度和重量的量测精度分别不应低于 1 mm 和 1 g。

采用无延伸功能的机械设备调直的钢筋可不进行上述检验。

表 3 - 4　盘卷钢筋调直后的断后伸长率、重量偏差要求

钢筋牌号	断后伸长率 A	重量偏差	
		直径 6 ~ 12 mm	直径 14 ~ 16 mm
HPB300	≥21%	≥ - 10%	—
HRB335、HRBF335	≥16%	≥ - 8%	≥ - 6%
HRB400、HRBF400	≥15%		
RRB400	≥13%		
HRB500、HRBF500	≥14%		

注：断后伸长率 A 的量测标距为 5 倍钢筋直径。

<一般项目>

钢筋加工的形状、尺寸应符合设计要求，其中，受力钢筋沿长度方向的净尺寸允许偏差为 ±10 mm，弯起钢筋的弯折位置允许偏差为 ±20 mm，箍筋外廓尺寸允许偏差为 ±5 mm。

3.3.4 钢筋连接质量检验标准

<主控项目>

（1）钢筋的有效连接是保证钢筋应力传递及结构构件受力性能所必需的，因此，钢筋的连接方式应符合设计要求。

（2）钢筋采用机械连接或焊接连接时，钢筋机械连接接头、焊接接头的力学性能、弯曲性能应符合国家现行行业标准《钢筋机械连接技术规程》（JGJ 107—2016）和《钢筋焊接及验收规程》（JGJ 18—2012）的规定。接头试件应从工程实体中截取。

（3）钢筋采用机械连接时，螺纹接头应采用专用扭力扳手或专用量规检验拧紧扭矩值，挤压接头应量测压痕直径，检验结果应符合现行行业标准《钢筋机械连接技术规程》（JGJ 107—2016）的相关规定。

<一般项目>

（1）钢筋接头的位置应符合设计和施工方案要求。对于有抗震设防要求的结构，梁端、柱端箍筋加密区范围内不应进行钢筋搭接。接头末端至钢筋弯起点的距离不应小于钢筋直径的 10 倍。

（2）钢筋机械连接接头、焊接接头的外观质量应符合现行行业标准《钢筋机械连接技术规程》（JGJ 107—2016）和《钢筋焊接及验收规程》（JGJ 18—2016）的规定。

（3）当纵向受力钢筋采用机械连接接头或焊接接头时，同一连接区段内纵向受力钢筋的接头面积百分率应符合设计要求；当设计无具体要求时，应符合下列规定。

① 受拉接头的接头面积百分率不宜大于50%；受压接头，可不受限制。

② 直接承受动力荷载的结构构件中，不宜采用焊接；当采用机械连接时，其接头面积百分率不应超过 50%。

注：接头连接区段是指长度为 35 d 且不小于 500 mm 的区段，d 为相互连接两根钢筋的直径较小值。同一连接区段内纵向受力钢筋接头面积百分率为接头中点位于该连接区段内的纵向受力钢筋截面面积与全部纵向受力钢筋截面面积的比值。

（4）当纵向受力钢筋采用绑扎搭接接头时，接头的设置应符合下列规定。

① 接头的横向净间距不应小于钢筋直径，且不应小于 25 mm。

② 同一连接区段内，纵向受拉钢筋的接头面积百分率应符合设计要求；当设计无具体要求时，梁类、板类及墙类构件纵向受拉钢筋的接头面积百分率不宜超过 25%；基础筏板纵向受拉钢筋的接头面积百分率不宜超过 50%；柱类构件纵向受拉钢筋的接头面积百分率不宜超过 50%。当工程中确有必要增大接头面积百分率时，对于梁类构件，其纵向受拉钢

筋的接头面积百分率不应大于 50%。

注：接头连接区段是指长度为 1.3 倍搭接长度的区段。搭接长度取相互连接两根钢筋的直径较小值计算。同一连接区段内纵向受力钢筋接头面积百分率为接头中点位于该连接区段内的纵向受力钢筋截面面积与全部纵向受力钢筋截面面积的比值。

（5）梁、柱类构件的纵向受力钢筋搭接长度范围内箍筋的设置应符合设计要求；当设计无具体要求时，应符合下列规定。

① 箍筋直径不应小于搭接钢筋较大直径的 1/4。

② 受拉搭接区段的箍筋间距不应大于搭接钢筋较小直径的 5 倍，且不应大于 100 mm。

③ 受压搭接区段的箍筋间距不应大于搭接钢筋较小直径的 10 倍，且不应大于 200 mm。

④ 当柱中纵向受力钢筋直径大于 25 mm 时，应在搭接接头两个端面外 100 mm 范围内各设置二道箍筋，其间距宜为 50 mm。

3.3.5　钢筋安装质量检验标准

＜主控项目＞

（1）受力钢筋对结构构件的受力性能有重要影响，因此，钢筋安装时，受力钢筋的牌号、规格和数量必须符合设计要求。

（2）钢筋应安装牢固。受力钢筋的安装位置、锚固方式应符合设计要求。

＜一般项目＞

钢筋安装允许偏差及检验方法应符合表 3 - 5 的规定，受力钢筋保护层厚度的合格点率应达到 90% 及以上，且不得有超过表 3 - 5 中数值 1.5 倍的尺寸偏差。

表 3 - 5　钢筋安装允许偏差及检验方法

检查项目		允许偏差/mm	检验方法
绑扎钢筋网	长、宽	±10	尺量
	网眼尺寸	±20	尺量连续三档，取最大偏差值
绑扎钢筋骨架	长	±10	尺量
	宽、高	±5	尺量
纵向受力钢筋	锚固长度	−20	尺量
	间距	±10	尺量两端、中间各一点，取最大偏差值
	排距	±5	
纵向受力钢筋、箍筋的混凝土保护层厚度	基础	±10	尺量
	柱、梁	±5	尺量
	板、墙、壳	±3	尺量
绑扎箍筋、横向钢筋间距		±20	尺量连续三档，取最大偏差值

续表

检查项目		允许偏差/mm	检验方法
钢筋弯起点位置		20	尺量
预埋件	中心线位置	5	尺量
	水平高差	+3，0	塞尺量测

注：检查中心线位置时，沿纵、横两个方向量测，并取其中偏差的较大值。

典型案例3-4解析

【典型案例3-4】

某学校活动中心工程，现浇钢筋混凝土框架结构，在主体结构施工过程中，施工单位对进场的钢筋按国家现行有关标准抽样检验了屈服强度和抗拉强度。结构施工至四层时，施工单位进场一批72 t Φ18的螺纹钢筋，在此前因同厂家、同牌号的该规格钢筋已连续三次进场检验均一次检验合格，施工单位对此批钢筋仅抽取一组试件送检，监理工程师认为取样组数不足。

问：施工单位还应增加哪些钢筋原材检测项目？通常情况下钢筋原材检验批量最大不宜超过多少吨？监理工程师的意见是否正确？说明理由。

任务3.4 预应力分项工程

3.4.1 一般规定

预应力分项工程是预应力筋、锚具、夹具、连接器等材料的进场检验，后张法预留管道设置或预应力筋布置，预应力筋张拉、放张、灌浆直至封锚保护等一系列技术工作和完成实体的总称。由于预应力施工工艺复杂，专业性较强，质量要求较高，故预应力分项工程所含检验项目较多，且规定较为具体。

（1）浇筑混凝土之前，为了确保预应力筋等在混凝土结构中发挥其应有的作用，应进行预应力隐蔽工程验收。隐蔽工程验收应包括下列主要内容。

① 预应力筋的品种、规格、级别、数量和位置。

② 成孔管道的规格、数量、位置、形状、连接及灌浆孔、排气兼泌水孔。

③ 局部加强钢筋[①]的牌号、规格、数量和位置。

---

① 局部加强钢筋指预应力张拉锚固体系中的螺旋筋等局部承压加强钢筋。

④ 预应力筋用锚具、连接器及锚垫板的品种、规格、数量和位置。

（2）预应力筋、锚具、夹具、连接器、成孔管道的进场检验，当满足下列条件之一时，可以认为其产品质量稳定，其检验批容量可扩大一倍。

① 获得认证的产品。

② 同一厂家、同一品种、同一规格的产品，连续三批均一次检验合格。

（3）预应力筋张拉机具及压力表应定期维护。张拉设备和压力表应配套标定和使用，标定期限不应超过半年。

3.4.2 材料质量检验标准

<主控项目>

（1）预应力筋是预应力分项工程中最重要的原材料，分为有粘结①预应力筋和无粘结预应力筋两种。预应力筋进场时，应根据进场批次和产品的抽样检验方案确定检验批，进行抽样检验。抽检项目为预应力筋抗拉强度和伸长率试验。检验方法为检查质量证明文件和抽样检验报告。

（2）无粘结预应力钢绞线进场时，应进行防腐润滑脂量和护套厚度的检验，检验结果应符合现行行业标准《无粘结预应力钢绞线》（JG/T 161—2016）的规定。经观察认为涂包质量有保证时，无粘结预应力筋可不做防腐润滑脂量和护套厚度的抽样检验。

（3）预应力筋用锚具应和锚垫板、局部加强钢筋配套使用，锚具、夹具和连接器进场时，应按现行行业标准《预应力筋用锚具、夹具和连接器应用技术规程》（JGJ 85—2010）的相关规定对其性能进行检验，检验结果应符合该标准的规定。锚具、夹具和连接器用量不足检验批规定数量的50%，且供货方提供有效的检验报告时，可不做静载锚固性能检验。

（4）处于三a类、三b类环境条件下的无粘结预应力筋用锚具系统，应按现行行业标准《无粘结预应力混凝土结构技术规程》（JGJ 92—2016）的相关规定检验其防水性能，检验结果应符合该标准的规定。

（5）孔道灌浆用水泥应采用硅酸盐水泥或普通硅酸盐水泥，水泥、外加剂及成品灌浆材料的质量应符合相关规范的规定。

<一般项目>

（1）预应力筋进场时，应进行外观检查，其外观质量应符合下列规定。

① 有粘结预应力筋的表面不应有裂纹、小刺、机械损伤、氧化铁皮和油污等，展开后应平顺，不应有弯折。

② 无粘结预应力钢绞线护套应光滑、无裂缝，无明显皱褶；轻微破损处应外包防水塑料胶带修补，严重破损者不得使用。

（2）预应力筋用锚具、夹具和连接器进场时，应进行外观检查，其表面应无污物、锈

---

① 为遵循行业标准中的用法，全书统一使用"粘结"。

蚀、机械损伤和裂纹。

（3）预应力成孔管道进场时，应进行管道外观质量检查、径向刚度和抗渗漏性能检验，其检验结果应符合下列规定。

① 金属管道外观应清洁，内外表面应无锈蚀、油污、附着物、孔洞；金属波纹管不应有不规则皱褶，咬口应无开裂、脱扣；钢管焊缝应连续。

② 塑料波纹管的外观应光滑、色泽均匀，内外壁不应有气泡、裂口、硬块、油污、附着物、孔洞及影响使用的划伤。

③ 径向刚度和抗渗漏性能应符合现行行业标准《预应力混凝土桥梁用塑料波纹管》（JT/T 529—2016）或《预应力混凝土用金属波纹管》（JG/T 225—2020）的规定。

3.4.3　制作与安装质量检验标准

<主控项目>

预应力筋对保证预应力结构构件的承载能力、抗裂度至关重要。预应力筋安装时，其品种、规格、强度级别和数量必须符合设计要求，其安装位置也应符合设计要求。

<一般项目>

（1）预应力筋端部锚具的制作质量应符合下列规定。

① 钢绞线挤压锚具完成后，预应力筋外端露出挤压套筒的长度不应小于 1 mm。

② 钢绞线压花锚具的梨形头尺寸和直线锚固段长度不应小于设计值。

③ 钢丝镦头不应出现横向裂纹，镦头的强度不得低于钢丝强度标准值的98%。

（2）预应力筋或成孔管道的安装质量应符合下列规定。

① 成孔管道的连接应密封。

② 预应力筋或成孔管道应平顺，并应与定位支撑钢筋绑扎牢固。

③ 当后张有粘结预应力筋曲线孔道波峰和波谷的高差大于300 mm，且采用普通灌浆工艺时，应在孔道波峰设置排气孔。

④ 锚垫板的承压面应与预应力筋或孔道曲线末端垂直，预应力筋或孔道曲线末端直线段长度应符合表3-6的规定。

表3-6　预应力筋曲线起始点与张拉锚固点之间直线段最小长度

预应力筋张拉控制力 N/kN	$N \leqslant 1\,500$	$1\,500 < N \leqslant 6\,000$	$N > 6\,000$
直线段最小长度/mm	400	500	600

（3）预应力筋或成孔管道定位控制点的竖向位置允许偏差应符合表3-7的规定，其合格点率应达到90%及以上，且不得有超过表中数值1.5倍的尺寸偏差。

表3-7　预应力筋或成孔管道定位控制点的竖向位置允许偏差

构件截面高（厚）度/mm	$h \leqslant 300$	$300 < h \leqslant 1\,500$	$h > 1\,500$
允许偏差/mm	±5	±10	±15

3.4.4　张拉和放张质量检验标准

<主控项目>

（1）过早地对混凝土施加预应力，会引起较大的收缩及徐变损失，同时可能因局部受压应力过大而引起混凝土损伤。因此，预应力筋张拉或放张前，应对构件混凝土强度进行检验。同条件养护的混凝土立方体试件抗压强度应符合设计要求，当设计无具体要求时应符合下列规定。

① 应达到配套锚固产品技术要求的混凝土最低强度且不应低于设计混凝土强度等级值的 75%。

② 对采用消除应力钢丝或钢绞线作为预应力筋的先张法构件，不应低于 30 MPa。

（2）对后张法预应力结构构件，钢绞线出现断裂或滑脱的数量不应超过同一截面钢绞线总根数的 3%，且每根断裂的钢绞线断丝不得超过一丝；对多跨双向连续板，其同一截面应按每跨计算。

（3）先张法预应力筋张拉锚固后，实际建立的预应力值与工程设计规定检验值的相对允许偏差为 ±5%。

<一般项目>

（1）预应力筋张拉质量应符合下列规定。

① 采用应力控制方法张拉时，张拉力下预应力筋的实测伸长值与计算伸长值的相对允许偏差为 ±6%。

② 最大张拉应力应符合现行国家标准《混凝土结构工程施工规范》（GB 50666—2011）的规定。

（2）对先张法预应力构件，应检查预应力筋张拉后的位置偏差，张拉后预应力筋的位置与设计位置的偏差不应大于 5 mm，且不应大于构件截面短边边长的 4%。

（3）锚固阶段张拉端预应力筋的内缩量应符合设计要求；当设计无具体要求时，其应符合表 3-8 的规定。

表 3-8　张拉端预应力筋的内缩量限值

锚具类别		内缩量限值/mm
支承式锚具（镦头锚具等）	螺帽缝隙	1
	每块后加垫板的缝隙	1
锥塞式锚具		5
夹片式锚具	有顶压	5
	无顶压	6～8

3.4.5　灌浆及封锚质量检验标准

<主控项目>

（1）预应力筋张拉后处于高应力状态，对腐蚀非常敏感，所以应尽早对孔道进行灌浆。灌浆是对预应力筋的永久保护措施，预留孔道灌浆后，孔道内水泥浆应饱满、密实。

（2）灌浆用水泥浆在满足必要的稠度的前提下应尽量减小其泌水率，以获得密实饱满的灌浆效果。水泥浆中水的泌出往往会造成孔道内空腔，并引起预应力筋腐蚀。灌浆用水泥浆的自由泌水率宜为0，且不应大于1%，泌水应在24 h内全部被水泥浆吸收。

（3）水泥浆中的氯离子会腐蚀预应力筋，其含量不应超过水泥重量的0.06%。

（4）水泥浆的适度膨胀有利于提高灌浆密实性和灌浆饱满度，但过度的膨胀可能造成孔道破损，反而影响预应力工程质量，故应控制其膨胀率。当采用普通灌浆工艺时，其24 h自由膨胀率不应大于6%；当采用真空灌浆工艺时，其24 h自由膨胀率不应大于3%。

（5）为使预应力筋获得有效的防护和足够的粘结力，现场留置的灌浆用水泥浆试件的抗压强度不应低于30 MPa。试件抗压强度检验应符合下列规定。

① 每组应留取6个边长为70.7 mm的立方体试件，并应标准养护28 d。

② 试件抗压强度应取6个试件的平均值。当一组试件中抗压强度最大值或最小值与平均值相差超过20%时，应取中间4个试件强度的平均值。

（6）为确保暴露于结构外的锚具和外露预应力筋能够正常工作，应防止外露锚具和预应力筋锈蚀，故锚具的封闭保护措施应符合设计要求。当设计无具体要求时，外露锚具和预应力筋的混凝土保护层厚度不应小于：一类环境时20 mm，二a类、二b类环境时50 mm，三a类、三b类环境时80 mm。

<一般项目>

考虑到锚具正常工作及氧 - 乙炔焰切割时可能的热影响，切割位置不宜距离锚具太近，同时不应影响构件安装。因此，规定后张法预应力筋锚固后，锚具外预应力筋的外露长度不应小于其直径的1.5倍，且不应小于30 mm。

典型案例3 -5 解析

【典型案例 3 -5】

某企业新建办公楼工程，地下1层，地上16层，现浇混凝土框架结构。一层大厅高12 m，长32 m，大厅处有3道后张预应力混凝土梁。在大厅后张预应力混凝土梁浇筑完成25 d后，生产经理凭经验判定混凝土强度已达到设计要求，随即安排作业人员拆除了梁底模板并准备进行预应力张拉。

问：预应力混凝土梁底模板拆除工作有哪些不妥之处？并说明理由。

任务 3.5　混凝土分项工程

3.5.1　一般规定

混凝土分项工程是包括原材料进场检验、混凝土制备与运输、混凝土现场施工等一系列技术工作和完成实体的总称。混凝土分项工程所含的检验批可根据施工工序和验收的需要确定。

（1）混凝土强度应按现行国家标准《混凝土强度检验评定标准》（GB/T 50107—2010）的规定分批检验评定，划入同一检验批的混凝土，其施工持续时间不宜超过 3 个月。检验评定混凝土强度时，应采用 28 d 或设计规定龄期的标准养护试件。

试件成型方法及标准养护条件应符合现行国家标准《混凝土物理力学性能试验方法标准》（GB/T 50081—2019）的规定。采用蒸汽养护的构件，其试件应先随构件同条件养护，然后置入标准养护条件下继续养护至 28 d 或设计规定龄期。

（2）当采用非标准尺寸试件时，应将其抗压强度乘以尺寸折算系数，折算成边长为 150 mm 的标准尺寸试件抗压强度。尺寸折算系数应按现行国家标准《混凝土强度检验评定标准》（GB/T 50107—2010）采用。

（3）当混凝土试件强度评定不合格时，应委托具有资质的检测机构按国家现行有关标准的规定对结构构件中的混凝土强度进行检测推定，并应按施工质量不符合要求的情况进行处理。

（4）混凝土有耐久性指标要求时，应按现行行业标准《混凝土耐久性检验评定标准》（JGJ/T 193—2009）的规定检验评定。

（5）大批量、连续生产的同一配合比混凝土，混凝土生产单位应提供基本性能试验报告。

（6）预拌混凝土的原材料质量、制备等应符合现行国家标准《预拌混凝土》（GB/T 14902—2012）的规定。

（7）水泥、外加剂的进场检验，当满足下列条件之一时，可以认为其质量稳定，其检验批容量可扩大一倍。

① 获得认证的产品。

② 同一厂家、同一品种、同一规格的产品，连续三次进场检验均一次检验合格。

3.5.2　原材料质量检验标准

<主控项目>

（1）水泥进场时，应对其品种、代号、强度等级、包装或散装编号、出厂日期等进行

检查，并应对水泥的强度、安定性和凝结时间进行检验，检验结果应符合现行国家标准《通用硅酸盐水泥》（GB 175—2007）的相关规定。

（2）混凝土外加剂进场时，应对其品种、性能、出厂日期等进行检查，并应对外加剂的相关性能指标进行检验，检验结果应符合现行国家标准《混凝土外加剂》（GB 8076—2008）和《混凝土外加剂应用技术规范》（GB 50119—2013）等的规定。

<一般项目>

（1）混凝土用矿物掺合料进场时，应对其品种、技术指标、出厂日期等进行检查，并应对矿物掺合料的相关技术指标进行检验，检验结果应符合国家现行有关标准的规定。

（2）混凝土原材料中的粗骨料、细骨料质量应符合现行行业标准《普通混凝土用砂、石质量及检验方法标准（附条文说明)》（JGJ 52—2006）的规定，使用经过净化处理的海砂应符合现行行业标准《海砂混凝土应用技术规范》（JGJ 206—2010）的规定，再生混凝土骨料应符合现行国家标准《混凝土用再生粗骨料》（GB/T 25177—2010）和《混凝土和砂浆用再生细骨料》（GB/T 25176—2010）的规定。

（3）混凝土拌制及养护用水应符合现行行业标准《混凝土用水标准（附条文说明)》（JGJ 63—2006）的规定。采用饮用水时，可不检验；采用中水、搅拌站清洗水、施工现场循环水等其他水源时，应对其成分进行检验。

3.5.3　混凝土拌合物和混凝土施工质量检验标准

<主控项目>

（1）预拌混凝土进场时，其质量应符合现行国家标准《预拌混凝土》（GB/T 14902—2012）的规定。混凝土拌合物不应离析。混凝土中氯离子含量和碱总含量应符合现行国家标准《混凝土结构设计规范（2015 年版）》（GB 50010—2010）的规定和设计要求。对于首次使用的混凝土配合比，应进行开盘鉴定，其原材料强度、凝结时间、稠度等应满足设计配合比的要求。

（2）混凝土的强度等级必须符合设计要求。用于检验混凝土强度的试件应在浇筑地点随机抽取，抽取规则：对同一配合比混凝土，取样与试件留置应符合下列规定。

① 每拌制 100 盘且不超过 100 m³ 时，取样不得少于一次。

② 每工作班拌制不足 100 盘时，取样不得少于一次。

③ 连续浇筑超过 1 000 m³ 时，每 200 m³ 取样不得少于一次。

④ 每一楼层取样不得少于一次。

⑤ 每次取样应至少留置一组试件。

＜一般规定＞

（1）混凝土拌合物稠度应满足施工方案的要求。当混凝土有耐久性指标要求时，应在施工现场随机抽取试件进行耐久性检验，其检验结果应符合国家现行有关标准的规定和设计要求。当混凝土有抗冻要求时，应在施工现场进行混凝土含气量检验，其检验结果应符合国家现行有关标准的规定和设计要求。

（2）后浇带的留设位置应符合设计要求。后浇带和施工缝的留设及处理方法应符合施工方案要求。混凝土浇筑完毕后应及时进行养护，养护时间及养护方法应符合施工方案要求。

【典型案例 3-6】

某住宅楼工程，地下 2 层，地上 16 层，结构设计为筏板基础、剪力墙结构。根据项目试验计划，项目总工程师会同实验员选定在 1、3、5、7、9、11、13、16 层各留置 1 组 C30 混凝土同条件养护试件，试件在浇筑点制作，脱模后放置在下一层楼梯口处，第 5 层的 C30 混凝土同条件养护试件强度试验结果为 28 MPa。

典型案例 3-6 解析

问：上述关于同条件养护试件的做法有何不妥？并写出正确做法。第 5 层 C30 混凝土同条件养护试件的强度代表值是多少？

【典型案例 3-7】

2010 年 8 月 30 日，广州地铁 3 号线北延线即将投入运营。此时，一篇博文引发强烈"地震"。高级工程师钟吉章顶着各方压力，在自己的博客里发表了一篇文章，曝光了广州地铁三号线北延段嘉禾望岗—龙归站的联络通道，因施工方制造假的混凝土抗压强度报告，相关部门在不明真相的情况下通过了验收。据钟吉章表示，这或将导致该段线路坍塌，甚至可能堵塞地铁地下水通道，使地铁隧道瘫痪。

事发后，广州地下铁道总公司介入调查此事。9 月 30 日晚，专家前往该地段再行检测，发现确实不合格，已经要求设计方拿出方案补救，进行加固。

2010 年，因钟吉章甘冒风险，在博客中发文揭露黑幕，被网友尊称为"冒死爷"。钟吉章表示，社会上需要有正义感的人，人做事要有良心。我要求我自己做事要有良心，同时也要公正、要合理。

典型案例 3-7 解析

问：当混凝土试件强度评定不合格时，应如何处理？应该如何评价案例中"冒死爷"钟吉章的行为？

任务 3.6　现浇结构分项工程

3.6.1　一般规定

现浇结构分项工程以模板、钢筋、预应力、混凝土 4 个分项工程为依托，是拆除模板后的混凝土结构实体外观质量、几何尺寸检验等一系列技术工作的总称。现浇结构分项工程可按楼层、结构缝或施工段划分检验批。

现浇结构质量验收应符合下列规定。

（1）现浇结构质量验收应在拆模后、混凝土表面未做修整和装饰前进行，并应做出记录。

（2）已经隐蔽的不可直接观察和量测的内容，可检查隐蔽工程验收记录。

（3）修整或返工的结构构件或部位应有实施前后的文字及图像记录。

现浇结构外观质量缺陷应由监理单位、施工单位等各方根据其对结构性能和使用功能影响的严重程度按表 3-9 给出的标准确定。装配式结构现浇部分的外观质量、位置偏差、尺寸偏差验收应符合规范要求。

表 3-9　现浇结构外观质量缺陷

名称	现象	严重缺陷	一般缺陷
露筋	构件内钢筋未被混凝土包裹而外露	纵向受力钢筋有露筋	其他钢筋有少量露筋
蜂窝	混凝土表面缺少水泥砂浆而形成石子外露	构件主要受力部位有蜂窝	其他部位有少量蜂窝
孔洞	混凝土中孔穴深度和长度均超过保护层厚度	构件主要受力部位有孔洞	其他部位有少量孔洞
夹渣	混凝土中夹有杂物且深度超过保护层厚度	构件主要受力部位有夹渣	其他部位有少量夹渣
疏松	混凝土中局部不密实	构件主要受力部位有疏松	其他部位有少量疏松
裂缝	裂缝从混凝土表面延伸至混凝土内部	构件主要受力部位有影响结构性能或使用功能的裂缝	其他部位有少量不影响结构性能或使用功能的裂缝
连接部位缺陷	构件连接处混凝土有缺陷或连接钢筋、连接件松动	连接部位有影响结构传力性能的缺陷	连接部位有基本不影响结构传力性能的缺陷

名称	现象	严重缺陷	一般缺陷
外形缺陷	缺棱掉角、棱角不直、翘曲不平、飞边凸肋等	清水混凝土构件有影响使用功能或装饰效果的外形缺陷	其他混凝土构件有不影响使用功能的外形缺陷
外表缺陷	构件表面麻面、掉皮、起砂、沾污等	具有重要装饰效果的清水混凝土构件有外表缺陷	其他混凝土构件有不影响使用功能的外表缺陷

3.6.2　外观质量、位置和尺寸偏差的检验标准

< 主控项目 >

（1）现浇结构的外观质量不应有严重缺陷。对已经出现的严重缺陷，应由施工单位提出技术处理方案，并经监理单位认可后进行处理；对裂缝或连接部位的严重缺陷及其他影响结构安全的严重缺陷，技术处理方案还应经设计单位认可。经处理的部位应重新验收。

（2）现浇结构不应有影响结构性能或使用功能的尺寸偏差；混凝土设备基础不应有影响结构性能或设备安装的尺寸偏差。对超过尺寸允许偏差且影响结构性能或安装、使用功能的部位，应由施工单位提出技术处理方案，并经监理单位、设计单位认可后进行处理。经处理的部位应重新验收。

< 一般项目 >

（1）现浇结构的外观质量不应有一般缺陷。对已经出现的一般缺陷，应由施工单位按技术处理方案进行处理。经处理的部位应重新验收。

（2）现浇结构位置和尺寸允许偏差及检验方法应符合表 3-10 的规定。现浇设备基础的位置和尺寸应符合设计和设备安装的要求，其位置和尺寸偏差及检验方法也应符合相关规定。

表 3-10　现浇结构位置和尺寸允许偏差及检验方法

检查项目			允许偏差/mm	检验方法
轴线位置	整体基础		15	经纬仪及尺量
	独立基础		10	经纬仪及尺量
	柱、墙、梁		8	尺量
垂直度	层高	≤6 m	10	经纬仪或吊线、尺量
		>6 m	12	经纬仪或吊线、尺量
	全高（H）≤300 m		$H/30\ 000+20$	经纬仪、尺量
	全高（H）>300 m		$H/10\ 000$，且≤80	经纬仪、尺量

续表

检查项目		允许偏差/mm	检验方法
标高	层高	±10	水准仪或拉线、尺量
	全高	±30	水准仪或拉线、尺量
截面尺寸	基础	+15，-10	尺量
	柱、梁、板、墙	+10，-5	尺量
	楼梯相邻踏步高差	6	尺量
电梯井	中心位置	10	尺量
	长、宽尺寸	+25，0	尺量
表面平整度		8	2 m靠尺和塞尺量测
预埋件中心位置	预埋板	10	尺量
	预埋螺栓	5	尺量
	预埋管	5	尺量
	其他	10	尺量
预留洞、孔中心线位置		15	尺量

注：检查柱轴线、中心线位置时，沿纵、横两个方向测量，并取其中偏差的较大值。H为全高，单位为mm。

任务 3.7　装配式结构分项工程

3.7.1　一般规定

装配式结构分项工程的验收包括预制构件进场、预制构件安装及装配式结构特有的钢筋连接和构件连接等内容。对于装配式结构现场施工中涉及的钢筋绑扎、混凝土浇筑等内容，应分别纳入钢筋、混凝土、预应力等分项工程进行验收。装配式结构分项工程可按楼层、结构缝或施工段划分检验批。

装配式结构连接部位及叠合构件浇筑混凝土之前，应进行隐蔽工程验收。隐蔽工程验收应包括下列主要内容。

（1）混凝土粗糙面的质量，键槽的尺寸、数量、位置。

（2）钢筋的牌号、规格、数量、位置、间距，箍筋弯钩的弯折角度及平直段长度。

（3）钢筋的连接方式、接头位置、接头数量、接头面积百分率、搭接长度、锚固方式及锚固长度。

（4）预埋件、预留管线的规格、数量、位置。

装配式结构的接缝施工质量及防水性能应符合设计要求和国家现行有关标准的规定。

3.7.2 预制构件质量检验标准

<主控项目>

（1）预制构件的质量应符合国家现行有关标准的规定和设计的要求。专业企业生产的预制构件进场时，应进行结构性能检验。

（2）梁板类简支受弯预制构件进场时应进行结构性能检验，并应符合下列规定。

① 结构性能检验应符合国家现行有关标准的有关规定及设计的要求。

② 钢筋混凝土构件和允许出现裂缝的预应力混凝土构件应进行承载力、挠度和裂缝宽度检验；不允许出现裂缝的预应力混凝土构件应进行承载力、挠度和抗裂检验。

③ 对大型构件及有可应用经验的构件，可只进行裂缝宽度、抗裂和挠度检验。

④ 对使用数量较少的构件，当能提供可靠依据时，可不进行结构性能检验。

（3）对梁板类简支受弯预制构件以外的其他预制构件，除设计有专门要求外，进场时可不做结构性能检验。对进场时不做结构性能检验的预制构件，应采取下列措施。

① 施工单位或监理单位代表应驻厂监督生产过程。

② 当无驻厂监督时，预制构件进场时应对其主要受力钢筋数量、规格、间距、保护层厚度及混凝土强度等进行实体检验。

（4）预制构件的外观质量不应有严重缺陷，且不应有影响结构性能和安装、使用功能的尺寸偏差。

（5）预制构件上的预埋件、预留插筋、预埋管线等的规格和数量及预留孔、预留洞的数量应符合设计要求。

<一般项目>

（1）预制构件应有标志；预制构件的外观质量不应有一般缺陷；预制构件粗糙面的质量及键槽的数量应符合设计要求。

（2）预制构件尺寸允许偏差及检验方法应符合表 3 – 11 的规定；设计有专门规定时，尚应符合设计要求。施工过程中临时使用的预埋件，其中心线位置允许偏差可取表 3 – 11 中规定数值的 2 倍。

表 3 – 11   预制构件尺寸允许偏差及检验方法

检查项目		允许偏差/mm	检验方法
长度	楼板、梁、柱、桁架	< 12 m	±5	尺量
		≥12 m 且 < 18 m	±10	
		≥18 m	±20	
	墙板		±4	

检查项目		允许偏差/mm	检验方法
宽度、高（厚）度	楼板、梁、柱、桁架	±5	尺量一端及中部，取其中偏差绝对值较大处
	墙板	±4	
表面平整度	楼板、梁、柱、墙板内表面	5	2 m靠尺和塞尺量测
	墙板外表面	3	
侧向弯曲	楼板、梁、柱	$L/750$ 且 ≤20	拉线、直尺量测最大侧向弯曲处
	墙板、桁架	$L/1\,000$ 且 ≤20	
翘曲	楼板	$L/750$	调平尺在两端量测
	墙板	$L/1\,000$	
对角线	楼板	10	尺量两个对角线
	墙板	5	
预留孔	中心线位置	5	尺量
	孔尺寸	±5	
预留洞	中心线位置	10	尺量
	洞口尺寸、深度	±10	
预埋件	预埋板中心线位置	5	尺量
	预埋板与混凝土面平面高差	0，−5	
	预埋螺栓	2	
	预埋螺栓外露长度	+10，−5	
	预埋套筒、螺母中心线位置	2	
	预埋套筒、螺母与混凝土面平面高差	±5	
预留插筋	中心线位置	5	尺量
	外露长度	+10，−5	
键槽	中心线位置	5	尺量
	长度、宽度	±5	
	深度	±10	

注：L 为构件长度，单位为 mm；检查中心线、螺栓和孔道位置偏差时，沿纵、横两个方向量测，并取其中偏差较大值。

3.7.3　安装与连接质量检验标准

<主控项目>

（1）预制构件的临时固定措施是装配式结构安装过程中承受施工荷载、保证构件定位、

确保施工安全的有效措施，故预制构件临时固定措施应符合施工方案的要求。

（2）钢筋采用套筒灌浆连接时，灌浆应饱满、密实，其材料及连接质量应符合国家现行行业标准《钢筋套筒灌浆连接应用技术规程》（JGJ 355—2015）的规定；钢筋采用焊接连接时，其接头质量应符合现行行业标准《钢筋焊接及验收规程》（JGJ 18—2013）的规定；钢筋采用机械连接时，其接头质量应符合现行行业标准《钢筋机械连接技术规程》（JGJ 107—2016）的规定。

（3）预制构件采用焊接、螺栓连接等连接方式时，其材料性能及施工质量应符合国家现行标准《钢结构工程施工质量验收标准》（GB 50205—2020）和《钢筋焊接及验收规程》（JGJ 18—2013）的相关规定。

（4）装配式结构采用现浇混凝土连接构件时，构件连接处后浇混凝土的强度应符合设计要求。装配式结构施工后，其外观质量不应有严重缺陷，且不应有影响结构性能和安装、使用功能的尺寸偏差。

< 一般项目 >

（1）装配式结构施工后，其外观质量不应有一般缺陷。

（2）装配式结构施工后，预制构件位置、尺寸允许偏差及检验方法应符合设计要求；当设计无具体要求时，应符合表 3 - 12 的规定。预制构件与现浇结构连接部位的表面平整度应符合表 3 - 12 的规定。

表 3 - 12　装配式结构构件位置和尺寸允许偏差及检验方法

检查项目			允许偏差/mm	检验方法
构件轴线位置	竖向构件（柱、墙板、桁架）		8	经纬仪及尺量
	水平构件（梁、楼板）		5	
标高	梁、柱、墙板、楼板底面或顶面		±5	水准仪或拉线、尺量
构件垂直度	柱、墙板安装后的高度	≤6 m	5	经纬仪或吊线、尺量
		>6 m	10	
构件倾斜度	梁、桁架		5	经纬仪或吊线、尺量
相邻构件平整度	梁、楼板底面	外露	3	2 m 靠尺和塞尺量测
		不外露	5	
	柱、墙板	外露	5	
		不外露	8	
构件搁置长度	梁、板		±10	尺量
支座、支垫中心位置	板、梁、柱、墙板、桁架		10	尺量
墙板接缝宽度			±5	尺量

任务 3.8　结构实体检验和混凝土结构子分部工程验收

3.8.1　结构实体检验

根据国家标准《建筑工程施工质量验收统一标准》（GB 50300—2013）的规定，在混凝土结构子分部工程质量验收前应进行结构实体检验。结构实体检验的范围仅限于涉及结构安全的重要部位，结构实体检验采用由各方参与的见证抽样形式，以保证检验结果的公正性。

对结构实体进行检验，并不是在子分部工程验收前的重新检验，而是在相应分项工程验收合格的基础上，对重要项目进行的验证性检验，其目的是强化混凝土结构的施工质量验收，真实地反映结构混凝土强度、受力钢筋位置、结构位置与尺寸等质量指标，确保结构安全。

对涉及混凝土结构安全的有代表性的部位应进行结构实体检验。结构实体检验应包括混凝土强度、钢筋保护层厚度、结构位置与尺寸偏差及合同约定的项目，必要时可检验其他项目。结构实体检验应由监理单位组织施工单位实施，并见证实施过程。施工单位应制定结构实体检验专项方案，并经监理单位审核批准后实施。除结构位置与尺寸偏差外的结构实体检验项目，应由具有相应资质的检测机构完成。

结构实体混凝土强度应按不同强度等级分别检验，检验方法宜采用同条件养护试件方法；当未取得同条件养护试件强度或同条件养护试件强度不符合要求时，可采用回弹－取芯法进行检验。钢筋保护层厚度检验、结构位置与尺寸偏差检验应符合规范规定。在结构实体检验中，当混凝土强度或钢筋保护层厚度检验结果不满足要求时，应委托具有资质的检测机构按国家现行有关标准的规定进行检测。

典型案例 3－8 解析

【典型案例 3－8】

某新建办公楼工程，在地下室结构实体采用回弹法进行强度检验中，出现个别部位 C35 混凝土强度不足，项目部质量经理随即安排公司实验室检测人员采用钻芯法对该部位实体混凝土进行检测，并将检验报告报监理工程师。监理工程师认为其做法不妥，要求整改。整改后钻芯检测的试样强度分别为 28.5 MPa、31 MPa 和 32 MPa。

问：混凝土结构实体检验管理的正确做法是什么？该钻芯检验部位 C35 混凝土实体检验结论是什么？并说明理由。

3.8.2　混凝土结构子分部工程质量验收

（1）混凝土结构子分部工程质量验收合格应符合下列规定。

① 所含分项工程质量验收应合格。

② 应有完整的质量控制资料。

③ 观感质量验收应合格。

④ 结构实体检验结果应符合规范要求。

（2）当混凝土结构施工质量不符合要求时，应按下列规定进行处理。

① 经返工、返修或更换构件、部件的，应重新进行验收。

② 经有资质的检测机构按国家现行有关标准检测鉴定达到设计要求的，应予以验收。

③ 经有资质的检测机构按国家现行有关标准检测鉴定达不到设计要求，但经原设计单位核算并确认仍可满足结构安全和使用功能的，可予以验收。

④ 经返修或加固处理能够满足结构可靠性要求的，可根据技术处理方案和协商文件进行验收。

（3）混凝土结构子分部工程质量验收时，应提供的文件和记录有：设计变更文件；原材料质量证明文件和抽样检验报告；预拌混凝土的质量证明文件；混凝土、灌浆料的性能检验报告；钢筋接头的试验报告；预制构件的质量证明文件和安装验收记录；预应力筋用锚具、连接器的质量证明文件和抽样检验报告；预应力筋安装、张拉的检验记录；钢筋套筒灌浆连接及预应力孔道灌浆记录；隐蔽工程验收记录；混凝土工程施工记录；混凝土试件的试验报告；分项工程验收记录；结构实体检验记录；工程的重大质量问题的处理方案和验收记录；其他必要的文件和记录。

（4）混凝土结构工程子分部工程质量验收合格后，应按有关规定将验收文件存档备案。

【典型案例3-9】

某现浇钢筋混凝土框架-剪力墙结构办公楼工程，地下1层，地上16层，结构封顶后，在总监理工程师组织参建方进行主体结构分部工程质量验收前，总监理工程师审核发现施工单位提交的报验资料所涉及的分项不全，指令补充后重新报审。

典型案例3-9解析

问：本工程主体结构分部工程质量验收资料应包括哪些分项？

巩固练习

1. 混凝土结构施工检验批的质量验收包括哪些内容？检验批的合格质量应符合哪些规定？

2. 模板分项工程施工的一般规定有哪些？模板安装的主控项目有哪些？

3. 钢筋分项工程的一般规定有哪些？钢筋连接质量和安装质量的检验标准有哪些？

4. 在预应力分项工程中，原材料的主控项目有哪些？制作与安装的主控项目有哪些？张拉和放张的主控项目有哪些？

5. 混凝土分项工程验收的一般规定有哪些？原材料的主控项目有哪些？混凝土施工的主控项目有哪些？

6. 现浇结构分项工程验收的一般规定有哪些？

7. 装配式结构分项工程验收的一般规定有哪些？

8. 简述结构实体检验的目的和内容。

9. 在混凝土结构子分部工程质量验收时，当混凝土结构施工质量不符合要求时，应如何处理？

在线自测

项目3 在线自测

项目4　PROJECT 4

砌体结构工程质量检验

项目概述

　　砌体结构是由块体和砂浆砌筑而成的墙、柱作为建筑物主要受力构件的结构，是砖砌体、砌块砌体和石砌体结构的统称。砌体结构在我国有着悠久的历史和辉煌的纪录，举世闻名的万里长城，是两千多年前用"秦砖汉瓦"建造的世界上最伟大的砌体工程之一；在1 400年前由石料修建的现存河北赵县的安济桥（赵州桥），是世界上现存年代久远、跨度最大、保存最完整的单孔坦弧敞肩石拱桥。

　　近年来，随着新材料、新技术、新结构的发展，我国砌体结构的应用有了进一步的发展，当前我国住宅、办公楼等民用建筑中的基础、内外墙、柱、过梁、屋盖和地沟等都可用砌体结构建造。在工业厂房建筑及钢筋混凝土框架结构建筑中，砌体往往用来砌筑围护墙。中、小型厂房和多层轻工业厂房，以及影剧院、食堂、仓库等建筑，也较为普遍地采用砌体作墙身或立柱。砌体结构还可用于建造其他各类构筑物，如烟囱、小型水池、料仓和地沟等。砌体结构工程可划分为砖砌体、混凝土小型空心砌块砌体、石砌体、配筋砌体、填充墙砌体等分项工程，在本项目中，我们将主要学习这些分项工程的施工质量控制要点和检验标准。

🔷 学习目标

1. 了解砌体结构工程施工质量控制要点。

2. 掌握砌筑砂浆质量检验的相关规定。

3. 掌握砌体结构各分项工程施工质量检验的一般规定和检验标准。

4. 熟悉砌体结构工程冬期施工质量检验的相关规定。

5. 熟悉砌体结构子分部工程施工质量验收的相关要求。

6. 能够依据有关规范和标准实施砌体结构工程的施工质量控制和检验，具有预防和处理砌体结构工程质量问题的初步能力。

7. 增强工程施工过程中防范风险和事故的安全意识以及职业道德和职业责任感。

🔷 依托标准

《砌体结构工程施工质量验收规范》（GB 50203—2011）。

任务4.1　施工质量控制要点

（1）砌体结构工程所用的材料应有产品合格证书、产品性能型式检验报告，质量应符合国家现行有关标准的要求。块体、水泥、钢筋、外加剂尚应有材料主要性能的进场复验报告，并应符合设计要求。严禁使用国家明令淘汰的材料。

（2）砌体结构工程施工前，应编制砌体结构工程施工方案。砌体施工的质量控制主要包括现场质量管理、砂浆和混凝土强度、砂浆拌合、砌筑工人4个项目，并按质量高低划分为 A、B、C 三个等级，见表4-1。

表4-1　施工质量控制等级

项目	施工质量控制等级		
	A	B	C
现场质量管理	监督检查制度健全，并严格执行；施工方有在岗专业技术管理人员，人员齐全，并持证上岗	监督检查制度基本健全，并能执行；施工方有在岗专业技术管理人员，人员齐全，并持证上岗	有监督检查制度；施工方有在岗专业技术管理人员
砂浆和混凝土强度	试块按规定制作，强度满足验收规定，离散性小	试块按规定制作，强度满足验收规定，离散性较小	试块按规定制作，强度满足验收规定，离散性大

项目	施工质量控制等级		
	A	B	C
砂浆拌合	机械拌合；配合比计量控制严格	机械拌合；配合比计量控制一般	机械或人工拌合；配合比计量控制较差
砌筑工人	中级工以上，其中高级工不少于30%	高、中级工不少于70%	初级工以上

注：砂浆、混凝土强度离散性大小根据强度标准差确定；配筋砌体不得为 C 级施工。

（3）砌体结构的标高、轴线应引自基准控制点。砌筑基础前，应校核放线尺寸，允许偏差应符合表4-2的规定。伸缩缝、沉降缝、防震缝中的模板应拆除干净，不得夹有砂浆、块体及碎渣等杂物。

表4-2 放线尺寸的允许偏差

长度 L（或宽度 B）/m	允许偏差/mm
L（或 B）≤30	±5
30＜L（或 B）≤60	±10
60＜L（或 B）≤90	±15
L（或 B）＞90	±20

（4）关于砌筑顺序，基底标高不同时，应从低处砌起，并应由高处向低处搭砌。砌体的转角处和交接处应同时砌筑，当不能同时砌筑时，应按规定留槎、接槎。砌筑墙体应设置皮数杆。

（5）砌筑完基础或每一楼层后，应校核砌体的轴线和标高。在允许偏差范围内，轴线偏差可在基础顶面或楼面上校正，标高偏差宜通过调整上部砌体灰缝厚度校正。搁置预制梁、板的砌体顶面应平整，标高一致。在墙体砌筑过程中，当砌筑砂浆初凝后，块体被撞动或须移动时，应将砂浆清除后再铺浆砌筑。

（6）砌体结构工程检验批的划分应同时符合下列规定。

① 所用材料类型及同类型材料的强度等级相同。

② 不超过 250 m³ 砌体。

③ 主体结构砌体一个楼层（基础砌体可按一个楼层计）为一个检验批；填充墙砌体量较少时可多个楼层合并为一个检验批。

（7）砌体结构工程检验批验收时，其主控项目应全部符合规范的规定；一般项目应有80% 及以上的抽检处符合规范的规定；有允许偏差的项目，最大超差值为允许偏差值的1.5倍。砌体结构分项工程中检验批抽检时，各抽检项目的样本最小容量除有特殊要求外，按不应小于5确定。

任务 4.2 砌筑砂浆质量检验

（1）水泥的强度及安定性是判定水泥质量是否合格的两项主要技术指标，因此在水泥使用前应进行复检，并应符合下列规定。

① 水泥进场时应对其品种、等级、包装或散装仓号、出厂日期等进行检查，并应对其强度、安定性进行复验，其质量必须符合现行国家标准《通用硅酸盐水泥》（GB 175—2007）的有关规定。

② 当在使用中对水泥质量有怀疑或水泥出厂超过三个月（快硬硅酸盐水泥超过一个月）时，应复查试验，并按复验结果使用。

③ 不同品种的水泥不得混合使用。

（2）砂浆用砂宜采用过筛中砂，并应满足下列要求。

① 不应混有草根、树叶、树枝、塑料、煤块、炉渣等杂物。

② 砂中含泥量、泥块含量、石粉含量、云母轻物质、有机物、硫化物、硫酸盐及氯盐含量（配筋砌体砌筑用砂）等应符合现行行业标准《普通混凝土用砂、石质量及检验方法标准（附条文说明）》（JGJ 52—2006）的有关规定。

③ 人工砂、山砂及特细砂应经试配能满足砌筑砂浆技术条件要求。

（3）拌制水泥混合砂浆的粉煤灰、建筑生石灰、建筑生石灰粉及石灰膏应符合下列规定。

① 粉煤灰、建筑生石灰、建筑生石灰粉的品质指标应符合现行相关行业标准的规定。

② 建筑生石灰、建筑生石灰粉熟化为石灰膏，其熟化时间分别不得少于 7 d 和 2 d；沉淀池中储存的石灰膏，应防止其干燥、冻结和污染，严禁采用脱水硬化的石灰膏；建筑生石灰粉、消石灰粉不得替代石灰膏配制水泥石灰砂浆。

③ 石灰膏的用量应按稠度 120 mm ± 5 mm 计量，现场施工中石灰膏不同稠度的换算系数可按表 4 – 3 确定。

表 4 – 3 石灰膏不同稠度的换算系数

稠度/mm	120	110	100	90	80	70	60	50	40	30
换算系数	1.00	0.99	0.97	0.95	0.93	0.92	0.90	0.88	0.87	0.86

（4）拌制砂浆用水的水质应符合现行行业标准《混凝土用水标准（附条文说明）》（JGJ 63—2006）的有关规定。

（5）砌筑砂浆应进行配合比设计。当砌筑砂浆的组成材料有变更时，其配合比应重新确定。砌筑砂浆的稠度宜按表 4 – 4 的规定采用。

表4-4　砌筑砂浆的稠度

砌体种类	砂浆稠度/mm
烧结普通砖砌体 蒸压粉煤灰砖砌体	70～90
混凝土实心砖、混凝土多孔砖砌体 普通混凝土小型空心砌块砌体 蒸压灰砂砖砌体	50～70
烧结多孔砖、空心砖砌体 轻骨料小型空心砌块砌体 蒸压加气混凝土砌块砌体	60～80
石砌体	30～50

注：1. 采用薄灰砌筑法砌筑蒸压加气混凝土砌块砌体时，加气混凝土粘结砂浆的加水量按照其产品说明书控制。
　　2. 当砌筑其他块体时，其砌筑砂浆的稠度可根据块体吸水特性及气候条件确定。

（6）施工中不应采用强度等级小于 M5 的水泥砂浆替代同强度等级水泥混合砂浆，如须替代，应将水泥砂浆提高一个强度等级。

（7）在砂浆中掺入的砌筑砂浆增塑剂、早强剂、缓凝剂、防冻剂、防水剂等砂浆外加剂，其品种和用量应经有资质的检测单位检验和试配确定。所用外加剂的技术性能应符合国家现行有关标准《砌筑砂浆增塑剂》（JG/T 164—2004）、《混凝土外加剂》（GB 8076—2008）、《砂浆、混凝土防水剂》（JC 474—2008）的质量要求。

（8）配制砌筑砂浆时，各组分材料应采用质量计量，水泥及各种外加剂配料的允许偏差为 ±2%；砂、粉煤灰、石灰膏等配料的允许偏差为 ±5%。

（9）砌筑砂浆应采用机械搅拌，其搅拌时间自投料完起算应符合下列规定。

① 水泥砂浆和水泥混合砂浆不得少于 120 s。

② 水泥粉煤灰砂浆和掺用外加剂的砂浆不得少于 180 s。

③ 掺增塑剂的砂浆，其搅拌方式、搅拌时间应符合现行行业标准《砌筑砂浆增塑剂》（JG/T 164—2004）的有关规定。

④ 干混砂浆及加气混凝土砌块专用砂浆宜按掺用外加剂的砂浆确定搅拌时间或按产品说明书采用。

（10）现场拌制的砂浆应随拌随用，拌制的砂浆应在 3 h 内使用完毕；当施工期间最高气温超过 30 ℃时，拌制的砂浆应在 2 h 内使用完毕。预拌砂浆及蒸压加气混凝土砌块专用砂浆的使用时间应按照厂方提供的说明书确定。

（11）砌体结构工程使用的湿拌砂浆除直接使用外，必须储存在不吸水的专用容器内，并根据气候条件采取遮阳、保温、防雨雪等措施，砂浆在储存过程中严禁随意加水。

（12）砌筑砂浆试块强度验收时，其强度合格标准应符合下列规定。

① 同一验收批砂浆试块强度平均值应大于或等于设计强度等级值的 1.10 倍。

② 同一验收批砂浆试块抗压强度的最小一组平均值应大于或等于设计强度等级值的 85%。

（13）当施工中或验收时出现下列情况时，可采用现场检验方法对砂浆或砌体强度进行实体检测，并判定其强度。

① 砂浆试块缺乏代表性或试块数量不足。

② 对砂浆试块的试验结果有怀疑或有争议。

③ 砂浆试块的试验结果不能满足设计要求。

④ 发生工程事故，需要进一步分析事故原因。

任务 4.3 砖砌体分项工程

4.3.1 一般规定

砖砌体工程是由砖和砂浆砌筑而成的结构工程，主要包括烧结普通砖、烧结多孔砖、混凝土多孔砖、混凝土实心砖、蒸压灰砂砖、蒸压粉煤灰砖等砌体工程。砖砌体用砖是指以传统标准砖基本尺寸 240 mm×115 mm×53 mm 为基础，适当调整尺寸，采用烧结、蒸压养护或自然养护等工艺生产的长度不超过 240 mm，宽度不超过 190 mm，厚度不超过 115 mm 的实心或多孔（通孔、半盲孔）的主规格砖及其配砖。砖砌体分项工程具体的质量要求如下。

（1）用于清水墙、柱表面的砖应边角整齐，色泽均匀。

（2）砌体砌筑时，为防止砖早期收缩而导致墙体裂缝，混凝土多孔砖、混凝土实心砖、蒸压灰砂砖、蒸压粉煤灰砖等块体的产品龄期不应小于 28 d。

（3）在冻胀环境的地区，地面以下或防潮层以下的砌体不应采用多孔砖。

（4）不同品种的砖，其收缩特性的差异容易造成墙体收缩裂缝的产生，故不得在同一楼层混砌。

（5）砌筑烧结普通砖、烧结多孔砖、蒸压灰砂砖、蒸压粉煤灰砖砌体时，砖应提前 1～2 d 适度湿润，严禁采用干砖或处于吸水饱和状态的砖砌筑，块体湿润程度宜符合下列规定。

① 烧结类块体的相对含水率为 60%～70%。

② 混凝土多孔砖及混凝土实心砖不需要浇水湿润，但在气候干燥炎热的情况下，宜在砌筑前对其喷水湿润。其他非烧结类块体的相对含水率为 40%～50%。

（6）采用铺浆法砌筑砌体，铺浆长度不得超过 750 mm；当施工期间气温超过 30 ℃时，铺浆长度不得超过 500 mm。

（7）为保证砌体的完整性、整体性和受力的合理性，240 mm 厚承重墙的每层墙的最上一皮砖、砖砌体的阶台水平面上及挑出层的外皮砖应整砖丁砌。

（8）弧拱式及平拱式过梁的灰缝应砌成楔形缝，拱底灰缝宽度不宜小于 5 mm，拱顶灰缝宽度不应大于 15 mm，拱体的纵向及横向灰缝应填实砂浆；平拱式过梁拱脚下面应伸入墙内不小于 20 mm；砖砌平拱过梁底应有 1% 的起拱。

（9）砖过梁底部的模板及其支架拆除时，灰缝砂浆强度不应低于设计强度的 75%。因为只有砂浆达到一定强度后，过梁部位的砌体方能承受荷载作用，才能拆除底模。

（10）多孔砖的孔洞应垂直于受压面砌筑。半盲孔多孔砖的封底面应朝上砌筑。从而使砖砌体有较大的有效受压面积。

（11）竖向灰缝砂浆的饱满度对砌体的抗剪强度影响明显，故竖向灰缝不应出现瞎缝、透明缝和假缝。

（12）砖砌体施工临时间断处的接槎部位是受力的薄弱点，在补砌时，必须将接槎处表面清理干净，洒水湿润，并填实砂浆，保持灰缝平直。

（13）夹心复合墙的砌筑应符合下列规定。

① 墙体砌筑时，应采取措施防止空腔内掉落砂浆和杂物。

② 拉结件设置应符合设计要求，拉结件在叶墙上的搁置长度不应小于叶墙厚度的 2/3，并不应小于 60 mm。

③ 保温材料品种及性能应符合设计要求。保温材料的浇注压力不应对砌体强度、变形及外观质量产生不良影响。

4.3.2 砖砌体工程施工质量检验标准

< 主控项目 >

（1）在正常施工条件下，砖砌体强度取决于砖和砂浆的强度等级，为保证结构的受力性能和使用安全，砖和砂浆的强度等级必须符合设计要求。

（2）砌体灰缝砂浆应密实饱满，砖墙水平灰缝的砂浆饱满度不得低于 80%；砖柱水平灰缝和竖向灰缝饱满度不得低于 90%。

（3）砖砌体的转角处和交接处的砌筑和接槎质量是保证砖砌体结构整体性能和抗震性能的关键之一，因此，砖砌体的转角处和交接处应同时砌筑，严禁无可靠措施的内外墙分砌施工。在抗震设防烈度为 8 度及 8 度以上地区，对不能同时砌筑而又必须留置的临时间断处应砌成斜槎，普通砖砌体斜槎水平投影长度不应小于高度的 2/3，多孔砖砌体的斜槎长高比不应小于 1/2。斜槎高度不得超过一步脚手架的高度。

（4）非抗震设防及抗震设防烈度为 6 度、7 度地区的临时间断处，当不能留斜槎时，除转角处外，其余部分可留直槎，但直槎必须做成凸槎，且应加设拉结钢筋，拉结钢筋应符合下列规定。

① 每 120 mm 墙厚放置 1Φ6 拉结钢筋（当墙厚为 120 mm 时，应放置 2Φ6 拉结钢筋）。

② 间距沿墙高不应超过 500 mm，且竖向间距偏差不应超过 100 mm。

③ 埋入长度从留槎处算起每边均不应小于 500 mm，对抗震设防烈度为 6 度、7 度的地区，不应小于 1 000 mm。

④ 末端应有 90°弯钩。

＜一般项目＞

（1）砖砌体组砌方法应正确，内外搭砌，上、下错缝。清水墙、窗间墙无通缝；混水墙中不得有长度大于 300 mm 的通缝，长度 200～300 mm 的通缝每间不超过 3 处，且不得位于同一面墙体上。砖柱不得采用包心砌法。

（2）砖砌体的灰缝应横平竖直，厚薄均匀，水平灰缝厚度及竖向灰缝宽度宜为 10 mm，但不应小于 8 mm，也不应大于 12 mm。

（3）砖砌体尺寸、位置的允许偏差及检验应符合表 4-5 的规定。

表 4-5　砖砌体尺寸、位置的允许偏差及检验

序号	检查项目			允许偏差/mm	检验方法	抽检数量
1	轴线位移			10	用经纬仪和尺或用其他测量仪器检查	承重墙、柱全数检查
2	基础、墙、柱顶面标高			±15	用水准仪和尺检查	不应少于 5 处
3	墙面垂直度	每层		5	用 2 m 托线板检查	不应少于 5 处
		全高	≤10 m	10	用经纬仪、吊线和尺或用其他测量仪器检查	外墙全部阳角
			>10 m	20		
4	表面平整度	清水墙、柱		5	用 2 m 靠尺和楔形塞尺检查	不应少于 5 处
		混水墙、柱		8		
5	水平灰缝平直度	清水墙		7	拉 5 m 线和尺检查	不应少于 5 处
		混水墙		10		
6	门窗洞口高、宽（后塞口）			±10	用尺检查	不应少于 5 处
7	外墙上下窗口偏移			20	以底层窗口为准，用经纬仪或吊线检查	不应少于 5 处
8	清水墙游丁走缝			20	以每层第一皮砖为准，用吊线和尺检查	不应少于 5 处

【典型案例 4-1】

"汇景嘉园"小区是郑州市京沙快速路搬迁居民的安置房，位于郑州市长江路与代庄

街交叉口。安置房有八栋多层建筑，将安置 300 多户被拆迁居民。在小区的八栋楼主体已经封顶阶段，业主们发现，安置房的墙体砖块严重起皮、爆裂。在施工现场，业主用手轻轻一摸墙体，砖块就大面积脱落；找到还未使用的砖，轻轻一掰就断为两半，用脚一踢，就变成了碎渣。楼体使用砖并非每一块都是如此，而是一层好砖，一层坏砖。

典型案例 4-1 解析

在业主的不断投诉下，河南省建筑科学研究院对郑州市京沙快速路安置房墙体进行了检测，结果发现该楼二层到五层墙体所用的煤矸石烧结多孔砖出现大面积爆裂，墙体砖爆裂深度大，部分砖已经失去强度，存在严重安全隐患。部分楼层的墙体爆裂面积高达 90% 以上。

问：砖砌体的强度取决于什么，如何保证砖砌墙体的受力性能和使用安全？结合该案例指出对砌体结构工程所用的材料应有哪些要求？

任务 4.4　混凝土小型空心砌块砌体分项工程

4.4.1　一般规定

混凝土小型空心砌块（以下简称小砌块）主要包括普通混凝土小型空心砌块和轻骨料混凝土小型空心砌块。小砌块砌体分项工程具体的质量要求如下。

（1）施工前应按房屋设计图编绘小砌块平、立面排块图，施工中应按排块图施工。

（2）为有效控制砌体收缩裂缝，施工采用的小砌块的产品龄期不应小于 28 d。

（3）砌筑小砌块时，应清除表面污物，剔除外观质量不合格的小砌块。

（4）砌筑小砌块砌体，宜选用专用小砌块砌筑砂浆。

（5）底层室内地面以下或防潮层以下的砌体，应采用强度等级不低于 C20（或 Cb20）的混凝土灌实小砌块的孔洞，以提高砌体的耐久性及结构整体性。

（6）砌筑普通混凝土小型空心砌块砌体，由于砌块吸水率小，吸水、失水速度迟缓，故不需要对小砌块浇水湿润，如遇天气干燥炎热，宜在砌筑前对其喷水湿润；对轻骨料混凝土小砌块，应提前浇水湿润，块体的相对含水率宜为 40%~50%。雨天及小砌块表面有浮水时不得施工。

（7）承重墙体使用的小砌块应完整、无破损、无裂缝。

（8）小砌块墙体应孔对孔、肋对肋错缝搭砌。单排孔小砌块的搭接长度应为块体长度的 1/2；多排孔小砌块的搭接长度可适当调整，但不宜小于小砌块长度的 1/3，且不应小于 90 mm。墙体的个别部位不能满足上述要求时，应在灰缝中设置拉结钢筋或钢筋网片，但竖向通缝仍不得超过两皮小砌块。

（9）小砌块应将生产时的底面朝上反砌于墙上。

（10）小砌块墙体宜逐块坐（铺）浆砌筑。

（11）在散热器、厨房和卫生间等设备的卡具安装处砌筑的小砌块，宜在施工前用强度等级不低于 C20（或 Cb20）的混凝土将其孔洞灌实。

（12）每步架墙（柱）砌筑完后，应随即刮平墙体灰缝。灰缝经过刮平，将对表层砂浆起到压实作用，减少砂浆中水分的蒸发，有利于保证砂浆强度的增长。

（13）芯柱处小砌块墙体砌筑应符合下列规定。

① 每一楼层芯柱处第一皮砌块应采用开口小砌块。

② 砌筑时应随砌随清除小砌块孔内的毛边，并将灰缝中挤出的砂浆刮净。

（14）芯柱混凝土宜选用专用小砌块灌孔混凝土。浇筑芯柱混凝土应符合下列规定。

① 每次连续浇筑的高度宜为半个楼层，但不应大于 1.8 m。

② 浇筑芯柱混凝土时，砌筑砂浆强度应大于 1 MPa。

③ 清除孔内掉落的砂浆等杂物，并用水冲淋孔壁。

④ 浇筑芯柱混凝土前，应先注入适量与芯柱混凝土成分相同的去石砂浆。

⑤ 每浇筑 400～500 mm 高度捣实一次，或边浇筑边捣实。

4.4.2　混凝土小型空心砌块砌体工程施工质量检验标准

＜主控项目＞

（1）为保证结构的受力性能和使用安全，小砌块和芯柱混凝土、砌筑砂浆的强度等级必须符合设计要求。

（2）砌体水平灰缝和竖向灰缝的砂浆饱满度，按净面积计算不得低于90%。

（3）为保证墙体结构的整体性，墙体转角处和纵横交接处应同时砌筑。临时间断处应砌成斜槎，斜槎水平投影长度不应小于斜槎高度。施工洞口可预留直槎，但在洞口砌筑和补砌时，应在直槎上下搭砌的小砌块孔洞内用强度等级不低于 C20（或 Cb20）的混凝土灌实。

（4）为保证芯柱的抗震作用，小砌块砌体的芯柱在楼盖处应贯通，不得削弱芯柱截面尺寸；芯柱混凝土不得漏灌。

＜一般项目＞

（1）砌体的水平灰缝厚度和竖向灰缝宽度宜为 10 mm，但不应小于 8 mm，也不应大于12 mm。

（2）小砌块砌体尺寸、位置的允许偏差应符合本书任务 4.3 表 4 – 5 的规定。

任务 4.5   石砌体分项工程

4.5.1   一般规定

石砌体工程是由石料和砂浆砌筑而成的结构工程，主要包括毛石、毛料石、粗料石、细料石等砌体工程。石砌体分项工程具体的质量要求如下。

（1）石砌体采用的石材应质地坚实，无裂纹和无明显风化剥落；用于清水墙、柱表面的石材尚应色泽均匀；石材的放射性应经检验，其安全性应符合现行国家标准《建筑材料放射性核素限量》（GB 6566—2010）的有关规定。

（2）石材表面的泥垢、水锈等杂质在砌筑前应清除干净。

（3）为使毛石基础和料石基础与地基或基础垫层结合紧密，保证传力均匀和石块平稳，要求砌筑毛石基础的第一皮石块应坐浆，并将大面向下；砌筑料石基础的第一皮石块应用丁砌层坐浆砌筑。

（4）毛石砌体的第一皮及转角处、交接处和洞口处应用较大的平毛石砌筑，以加强该部位的整体性。每个楼层（包括基础）砌体的最上一皮，宜选用较大的毛石砌筑，以利于砌体均匀传力，使搁置其上的梁、楼板（或屋面板）平稳牢固。

（5）毛石砌筑时，若石块间存在较大的缝隙，应先向缝内填灌砂浆并捣实，然后用小石块嵌填，不得先填小石块后填灌砂浆，石块间不得出现无砂浆相互接触的现象。

（6）砌筑毛石挡土墙应按分层高度砌筑，并应符合下列规定。

① 每砌 3~4 皮为一个分层高度，每个分层高度应将顶层石块砌平。

② 两个分层高度间分层处的错缝不得小于 80 mm。

（7）对于料石挡土墙，当中间部分用毛石砌筑时，丁砌料石伸入毛石部分的长度不应小于 200 mm，以保证挡土墙的整体性。

（8）毛石、毛料石、粗料石、细料石砌体灰缝厚度应均匀，灰缝厚度应符合下列规定。

① 毛石砌体外露面的灰缝厚度不宜大于 40 mm。

② 毛料石和粗料石的灰缝厚度不宜大于 20 mm。

③ 细料石的灰缝厚度不宜大于 5 mm。

（9）挡土墙的泄水孔当设计无规定时，施工应符合下列规定。

① 泄水孔应均匀设置，在每米高度上间隔 2 m 左右设置一个泄水孔。

② 泄水孔与土体间铺设长、宽各为 300 mm，厚 200 mm 的卵石或碎石作疏水层。

（10）为保证挡土墙的可靠性，挡土墙内侧回填土必须分层夯填，分层松土厚度宜为300 mm。墙顶土面应有适当坡度使流水流向挡土墙外侧面。

（11）在毛石和实心砖的组合墙中，为保证砌体的整体性，毛石砌体与砖砌体应同时砌筑，并每隔4~6皮砖用2~3皮丁砖与毛石砌体拉结砌合；两种砌体间的空隙应填实砂浆。

（12）毛石墙和砖墙相接的转角处和交接处应同时砌筑。转角处、交接处应自纵墙（或横墙）每隔4~6皮砖高度引出不小于120 mm与横墙（或纵墙）相接。

4.5.2　石砌体工程施工质量检验标准

<主控项目>

（1）在正常施工条件下，石砌体的强度取决于石材和砌筑砂浆强度等级，为保证结构的受力性能和使用安全，石材及砂浆强度等级必须符合设计要求。

（2）砌体灰缝砂浆的饱满度将直接影响石砌体的力学性能、整体性能和耐久性能，因此，砌体灰缝的砂浆饱满度不应小于80%。

<一般项目>

（1）石砌体尺寸、位置的允许偏差及检验方法应符合表4-6的规定，每检验批抽查不应少于5处。

表4-6　石砌体尺寸、位置的允许偏差及检验方法

序号	检查项目		允许偏差/mm						检验方法
			毛石砌体		料石砌体				
					毛料石		粗料石		细料石	
			基础	墙	基础	墙	基础	墙	墙、柱	
1	轴线位置		20	15	20	15	15	10	10	用经纬仪和尺检查，或用其他测量仪器检查
2	基础和墙砌体顶面标高		±25	±15	±25	±15	±15	±15	±10	用水准仪和尺检查
3	砌体厚度		+30	+20 −10	+30	+20 −10	+15	+10 −5	+10 −5	用尺检查
4	墙面垂直度	每层	—	20	—	20	—	10	7	用经纬仪、吊线和尺检查，或用其他测量仪器检查
		全高	—	30	—	30	—	25	10	
5	表面平整度	清水墙、柱	—	—	—	20	—	10	5	细料石用2 m靠尺和楔形塞尺检查，其他用两直尺垂直于灰缝拉2 m线和尺检查
		混水墙、柱	—	—	—	20	—	15	—	
6	清水墙水平灰缝平直度		—	—	—	—	—	10	5	拉10 m线和尺检查

（2）为了加强砌体内部的拉结作用，保证砌体的整体性，石砌体的组砌形式应符合下列规定。

① 内外搭砌，上下错缝，拉结石、丁砌石交错设置。

② 毛石墙拉结石每 0.7 m² 墙面不应少于 1 块。

任务4.6　配筋砌体分项工程

4.6.1　一般规定

配筋砌体结构是由配置钢筋的砌体作为建筑物主要受力构件的结构，是网状配筋砌体柱、水平配筋砌体墙、砖砌体和钢筋混凝土面层或钢筋砂浆面层组合砌体柱（墙）、砖砌体和钢筋混凝土构造柱组合墙及配筋小砌块砌体剪力墙结构的统称。配筋砌体分项工程具体的质量要求如下。

（1）配筋砌体工程除应满足自身的施工质量要求和规定外，尚应符合本书第4.3节及第4.4节的要求和规定。

（2）施工配筋小砌块砌体剪力墙应采用专用的小砌块砌筑砂浆砌筑，并采用专用小砌块灌孔混凝土浇筑芯柱。

（3）为了较好地保护设置在灰缝内的钢筋，并保证其较好的锚固，钢筋应居中置于灰缝内，水平灰缝厚度应大于钢筋直径 4 mm 以上。

4.6.2　配筋砌体工程施工质量检验标准

＜主控项目＞

（1）钢筋的品种、规格、数量和设置部位应符合设计要求。

（2）构造柱、芯柱、组合砌体构件、配筋砌体剪力墙构件的混凝土及砂浆的强度等级应符合设计要求。

（3）构造柱与墙体的连接应符合下列规定。

① 墙体应砌成马牙槎，马牙槎凹凸尺寸不宜小于 60 mm，高度不应超过 300 mm，马牙槎应先退后进，对称砌筑；每一构造柱的马牙槎尺寸偏差不应超过 2 处。

② 预留拉结钢筋的规格、尺寸、数量及位置应正确，拉结钢筋应沿墙高每隔 500 mm 设 2Φ6，伸入墙内不宜小于 600 mm，钢筋的竖向移位不应超过 100 mm，且每一构造柱的竖向移位不得超过 2 处。

③ 施工中不得任意弯折拉结钢筋。

（4）配筋砌体中受力钢筋的连接方式及锚固长度、搭接长度应符合设计要求。

＜一般项目＞

（1）构造柱一般尺寸允许偏差及检验方法应符合表4-7的规定。

表4-7　构造柱一般尺寸允许偏差及检验方法

序号	检查项目			允许偏差/mm	检验方法
1	中心线位置			10	用经纬仪和尺检查，或用其他测量仪器检查
2	层间错位			8	用经纬仪和尺检查，或用其他测量仪器检查
3	垂直度	每层		10	用2 m托线板检查
		全高	≤10 m	15	用经纬仪、吊线和尺检查，或用其他测量仪器检查
			>10 m	20	

（2）设置在砌体灰缝中钢筋的防腐保护应符合设计要求，且钢筋防护层完好，不应有肉眼可见裂纹、剥落和擦痕等缺陷。

（3）网状配筋砖砌体中，钢筋网规格及放置间距应符合设计规定。每一构件钢筋网沿砌体高度位置超过设计规定一皮砖厚不得多于一处。

（4）钢筋安装位置允许偏差及检验方法应符合表4-8的规定。

表4-8　钢筋安装位置允许偏差及检验方法

检查项目		允许偏差/mm	检验方法
受力钢筋保护层厚度	网状配筋砌体	±10	检查钢筋网成品，钢筋网放置位置局部剔缝观察，或用探针刺入灰缝内检查，或用钢筋位置测定仪测定
	组合砖砌体	±5	支模前观察与尺量检查
	配筋小砌块砌体	±10	浇筑灌孔混凝土前观察与尺量检查
配筋小砌块砌体墙凹槽中水平钢筋间距		±10	钢尺量连续三挡，取最大值

任务4.7　填充墙砌体分项工程

4.7.1　一般规定

用于填充墙的块体材料主要有烧结空心砖、蒸压加气混凝土砌块、轻骨料混凝土小型空心砌块等。填充墙砌体分项工程具体的质量要求如下。

（1）砌筑填充墙时，轻骨料混凝土小型空心砌块和蒸压加气混凝土砌块的产品龄期不应小于 28 d，蒸压加气混凝土砌块的含水率宜小于 30%。

（2）烧结空心砖、蒸压加气混凝土砌块、轻骨料混凝土小型空心砌块等块体材料的强度不高，碰撞易碎，因此在运输、装卸过程中严禁抛掷和倾倒；进场后应按品种、规格堆放整齐，堆置高度不宜超过 2 m。蒸压加气混凝土砌块在运输及堆放中应防止雨淋。

（3）吸水率较小的轻骨料混凝土小型空心砌块及采用薄灰砌筑法施工的蒸压加气混凝土砌块，砌筑前不应对其浇（喷）水湿润；在气候干燥炎热的情况下，对吸水率较小的轻骨料混凝土小型空心砌块宜在砌筑前喷水湿润。

（4）为了增强与砌筑砂浆的粘结和满足砌筑砂浆强度增长的需要，采用普通砌筑砂浆砌筑填充墙时，烧结空心砖、吸水率较大的轻骨料混凝土小型空心砌块应提前 1~2 d 浇（喷）水湿润。蒸压加气混凝土砌块采用蒸压加气混凝土砌块砌筑砂浆或普通砌筑砂浆砌筑时，应在砌筑当天对砌块砌筑面喷水湿润。块体湿润程度宜符合下列规定。

① 烧结空心砖的相对含水率为 60%~70%。

② 吸水率较大的轻骨料混凝土小型空心砌块、蒸压加气混凝土砌块的相对含水率为 40%~50%。

（5）在厨房、卫生间、浴室等处采用轻骨料混凝土小型空心砌块、蒸压加气混凝土砌块砌筑墙体时，墙底部宜现浇混凝土坎台，其高度宜为 150 mm，以增强多水房间填充墙墙底的防水效果。

（6）填充墙拉结筋处的下皮小砌块宜采用半盲孔小砌块或用混凝土灌实孔洞的小砌块；采用薄灰砌筑法施工的蒸压加气混凝土砌块砌体，拉结筋应放置在砌块上表面设置的沟槽内。

（7）由于不同性质的块体组砌在一起易引起收缩裂缝产生，故蒸压加气混凝土砌块、轻骨料混凝土小型空心砌块不应与其他块体混砌，不同强度等级的同类块体也不得混砌。

注：窗台处因安装门窗需要，在门窗洞口处两侧填充墙上、中、下部位可采用其他块体局部嵌砌；对与框架柱、梁采用不脱开方法的填充墙，填塞填充墙顶部与梁之间的缝隙可采用其他块体。

（8）填充墙砌体砌筑，应待承重主体结构检验批验收合格后进行。填充墙与承重主体结构间的空（缝）隙部位施工，应在填充墙砌筑 14 d 后进行，以减少混凝土收缩对填充墙砌体的不利影响。

4.7.2　填充墙砌体工程施工质量检验标准

＜主控项目＞

（1）烧结空心砖、小砌块和砌筑砂浆的强度等级应符合设计要求。

（2）为满足建筑结构抗震要求，填充墙砌体应与主体结构可靠连接，其连接构造应符合设计要求，未经设计同意，不得随意改变连接构造方法。每一填充墙与柱的拉结筋的位置超过一皮块体高度的数量不得多于一处。

（3）填充墙与承重墙、柱、梁的连接钢筋，当采用化学植筋的连接方式时，应进行实体检测。锚固钢筋拉拔试验的轴向受拉非破坏承载力检验值应为6.0 kN。抽检钢筋在检验值作用下应基材无裂缝、钢筋无滑移宏观裂损现象；持荷2 min 期间，其荷载值降低不大于5%。

< 一般项目 >

（1）填充墙砌体尺寸、位置的允许偏差及检验方法应符合表4-9的规定。

表4-9　填充墙砌体尺寸、位置的允许偏差及检验方法

序号	检查项目		允许偏差/mm	检验方法
1	轴线位移		10	用尺检查
2	垂直度（每层）	≤3 m	5	用2 m托线板或吊线、尺检查
		>3 m	10	
3	表面平整度		8	用2 m靠尺和楔形尺检查
4	门窗洞口高、宽（后塞口）		±10	用尺检查
5	外墙上、下窗口偏移		20	用经纬仪或吊线检查

（2）填充墙砌体的砂浆饱满度及检验方法应符合表4-10的规定。

表4-10　填充墙砌体的砂浆饱满度及检验方法

砌体分类	灰缝	饱满度及要求	检验方法
空心砖砌体	水平	≥80%	采用百格网检查块体底面或侧面砂浆的粘结痕迹面积
	垂直	填满砂浆，不得有透明缝、瞎缝、假缝	
蒸压加气混凝土砌块、轻骨料混凝土小型空心砌块砌体	水平	≥80%	
	垂直	≥80%	

（3）填充墙留置的拉结钢筋或网片的位置应与块体皮数相符合。拉结钢筋或网片应置于灰缝中，埋置长度应符合设计要求，竖向位置偏差不应超过一皮高度。

（4）为了增强砌体的整体性，砌筑填充墙时应错缝搭砌，蒸压加气混凝土砌块搭砌长度不应小于砌块长度的1/3；轻骨料混凝土小型空心砌块搭砌长度不应小于90 mm；竖向通缝不应大于2皮。

（5）填充墙的水平灰缝厚度和竖向灰缝宽度应正确，烧结空心砖、轻骨料混凝土小型空心砌块砌体的灰缝应为8~12 mm；当蒸压加气混凝土砌块砌体采用水泥砂浆、水泥混合砂浆或蒸压加气混凝土砌块砌筑砂浆时，水平灰缝厚度和竖向灰缝宽度不应超过15 mm；当蒸压加气混凝土砌块砌体采用蒸压加气混凝土砌块粘结砂浆时，水平灰缝厚度和竖向灰缝宽度宜为 3 ~ 4 mm。

【典型案例 4 – 2】

　　某施工单位承建一高档住宅楼工程，钢筋混凝土剪力墙结构，在进行二次结构填充墙施工时，为抢工期，项目工程部安排作业人员将刚生产 7 d 的蒸压加气混凝土砌块用于砌筑作业，要求砌体灰缝厚度、饱满度等质量满足要求，后被监理工程师发现，责令停工整改。

　　问：蒸压加气混凝土砌块使用时的要求龄期和含水率应是多少？写出水泥砂浆砌筑蒸压加气混凝土砌块的灰缝质量要求。

典型案例 4 – 2 解析

【典型案例 4 – 3】

　　某新建住宅工程，建筑面积 1.5 万 m²，地下 2 层，地上 11 层，钢筋混凝土剪力墙结构，室内填充墙砌体采用蒸压加气混凝土砌块，水泥砂浆砌筑。监理工程师审查"填充墙砌体施工方案"时，指出以下错误内容：砌块使用时，产品龄期不小于 14 d；砌筑砂浆可现场人工搅拌；砌块使用时提前 2 d 浇水湿润；卫生间墙体底部用灰砂砖砌200 mm 高坎台；填充墙砌筑可通缝搭砌；填充墙与主体结构连接钢筋采用化学植筋方式，进行外观检查验收。要求改正后再报。

　　问：该工程填充墙砌体施工方案中存在哪些错误之处？请逐项改正。

典型案例 4 – 3 解析

任务 4.8　冬期施工质量检验和砌体结构子分部工程验收

4.8.1　冬期施工质量检验

　　当室外日平均气温连续 5 d 稳定低于 5 ℃时，砌体工程应采取冬期施工措施，气温值根据当地气象资料确定。在冬期施工期限以外，当日最低气温低于 0 ℃时，也应按冬期施工的规定执行。冬期施工的砌体工程质量检验除本节所述要求外，尚应符合现行行业标准《建筑工程冬期施工规程》（JGJ/T 104—2011）的有关规定。

　　冬期施工砌体工程的具体质量要求如下。

　　（1）砌体工程冬期施工应有完整的冬期施工方案。

（2）冬期施工所用材料应符合下列规定。

① 石灰膏、电石膏等应防止受冻，如遭冻结应经融化后使用。

② 拌制砂浆用砂不得含有冰块和大于 10 mm 的冻结块。

③ 砌体用块体不得遭水浸冻。

（3）冬期施工砂浆试块的留置，除应按常温规定要求外，尚应增加 1 组与砌体同条件养护的试块，用于检验转入常温 28 d 的强度。如有特殊需要，可另外增加相应龄期的同条件养护的试块。

（4）在冻胀基土上砌筑基础，待基土解冻时，不均匀沉降会造成基础和上部结构破坏，因此，地基土有冻胀性时，应在未冻的地基上砌筑。施工期间和回填土前如地基受冻，会因地基冻胀造成砌体胀裂或因地基土解冻造成砌体损坏，因此，应防止地基在施工期间和回填土前受冻。

（5）冬期施工中砖、小砌块浇（喷）水湿润应符合下列规定。

① 烧结普通砖、烧结多孔砖、蒸压灰砂砖、蒸压粉煤灰砖、烧结空心砖、吸水率较大的轻骨料混凝土小型空心砌块在气温高于 0 ℃ 的条件下砌筑时应浇水湿润；在气温低于或等于 0 ℃ 的条件下砌筑时可不浇水，但必须增大砂浆稠度。

② 普通混凝土小型空心砌块、混凝土多孔砖、混凝土实砖及采用薄灰砌筑法的蒸压加气混凝土砌块施工时，不应对其浇水湿润。

③ 抗震设防烈度为 9 度的建筑物，当烧结普通砖、烧结多孔砖、蒸压粉煤灰砖、烧结空心砖无法浇水湿润时，如无特殊措施不得砌筑。

（6）为了避免砂浆拌和时因水和砂过热造成水泥假凝而影响施工，拌和砂浆时水的温度不得超过 80 ℃，砂的温度不得超过 40 ℃。

（7）为了在砌筑过程中保持砂浆良好的流动性，保证灰缝砂浆的饱满度和粘结强度，采用砂浆掺外加剂法、暖棚法施工时，砂浆使用温度不应低于 5 ℃。

（8）为了保证砌体中砂浆具有一定温度以利其强度增长，采用暖棚法施工，块体在砌筑时的温度不应低于 5 ℃，距离所砌的结构底面 0.5 m 处的棚内温度也不应低于 5 ℃。

（9）为有利于砌体强度的增长，在暖棚内的砌体养护时间应根据暖棚内温度按表 4 - 11 确定。

表 4 - 11　暖棚法砌体的养护时间

暖棚内温度/℃	5	10	15	20
养护时间/d	≥6	≥5	≥4	≥3

（10）采用外加剂法配制的砌筑砂浆，当设计无要求，且最低气温等于或低于 - 15 ℃ 时，砂浆强度等级应较常温施工提高一级。

（11）掺氯盐的砂浆氯离子含量较大，为避免氯离子对钢筋的腐蚀，确保结构的耐久性，配筋砌体不得采用掺氯盐的砂浆施工。

4.8.2　砌体结构子分部工程验收

（1）砌体工程验收前，应提供的文件和记录有：设计变更文件；施工执行的技术标准；原材料出厂合格证书、产品性能检测报告和进场复验报告；混凝土及砂浆配合比通知单；混凝土及砂浆试件抗压强度试验报告单；砌体工程施工记录；隐蔽工程验收记录；分项工程检验批的主控项目、一般项目验收记录；填充墙砌体植筋锚固力检测记录；重大技术问题的处理方案和验收记录；其他必要的文件和记录。

（2）砌体结构子分部工程验收时，应对砌体工程的观感质量做出总体评价。

（3）当砌体工程质量不符合要求时，应按现行国家标准《建筑工程施工质量验收统一标准》（GB 50300—2013）有关规定执行。

（4）有裂缝的砌体应按下列情况进行验收。

① 对不影响结构安全性的砌体裂缝应予以验收，对明显影响使用功能和观感质量的裂缝应进行处理。

② 对有可能影响结构安全性的砌体裂缝，应由有资质的检测单位检测鉴定，需返修或加固处理的，待返修或加固处理满足使用要求后进行二次验收。

🔷 巩固练习

1. 砌体施工质量控制等级分为三级，各级标准分别有哪些？
2. 砌筑砂浆所用水泥应符合哪些规定？
3. 砌筑砂浆试块强度验收时其强度合格标准应符合哪些规定？
4. 砖砌体工程施工质量检验的主控项目有哪些？
5. 混凝土小型空心砌块砌体工程施工质量检验应符合哪些规定？
6. 石砌体工程施工质量检验应符合哪些规定？
7. 配筋砌体工程施工质量检验应符合哪些规定？
8. 填充墙砌体工程施工质量检验的主控项目有哪些？
9. 冬期施工中，所用材料应符合哪些规定？砖、小砌块浇水湿润应符合哪些规定？
10. 砌体工程验收前应提供哪些文件和记录？当遇到有裂缝的砌体时应如何验收？

🔷 在线自测

项目 4 在线自测

项目5　PROJECT 5

建筑装饰装修工程质量检验

项目概述

　　建筑装饰装修是为保护建筑物的主体结构、完善建筑物的使用功能和美化建筑物，采用装饰装修材料或饰物，对建筑物的内外表面及空间进行的各种处理过程。随着时代发展和社会进步，人民对美好生活的向往更加强烈，对工作和生活环境的要求日益增长，对建筑装饰装修的要求也相应提高，早在 2002 年住房和城乡建设部就发布了《住宅室内装饰装修管理办法》，用以加强住宅室内装饰装修管理，保证装饰装修工程质量，维护公共安全和公众利益。建筑装饰装修工程包括建筑地面、抹灰、外墙防水、门窗、吊顶、轻质隔墙、饰面板（砖）、幕墙、涂饰、裱糊与软包、细部 11 个子分部工程，共 40 余个分项工程。在本项目中，我们将主要学习建筑装饰装修工程的质量控制与检验。

学习目标

　　1. 了解建筑装饰装修工程设计、材料质量和施工质量的基本要求。

　　2. 了解建筑装饰装修工程子分部工程和分项工程的划分。

　　3. 掌握建筑装饰装修各子分部工程、分项工程质量检验的一般规定和检验标准。

4. 熟悉建筑装饰装修工程质量验收的程序、内容和要求。

依托标准

1.《建筑装饰装修工程质量验收标准》（GB 50210—2018）。
2.《建筑外墙防水工程技术规程》（JGJ/T 235—2011）。

任务 5.1　基本规定

建筑装饰装修工程项目繁多、涉及面广、工程量大、工期较长、工序复杂、工程质量要求高，其合理的施工顺序是保证工程质量的前提。室外工程一般自上而下施工，高层建筑可分段自上而下施工。室内工程应待屋面工程完工后进行，其施工顺序一般为隔墙、隔断→门窗框→暗装管线与预埋件→顶棚抹灰、吊顶→墙面抹灰→楼地面→涂料、刷浆、饰面、罩面→门窗、玻璃→地面面层→裱糊、软包→细部等。

5.1.1　设计要求

（1）建筑装饰装修工程必须进行设计，并出具完整的施工图设计文件。施工图设计文件包括设计单位完成的建筑装饰装修设计、施工单位完成的深化设计等。

（2）建筑装饰装修设计应符合城市规划、防火、环保、节能、减排等有关规定。建筑装饰装修耐久性应满足使用要求。

（3）承担建筑装饰装修工程设计的单位应对建筑物进行必要的了解和实地勘察，设计深度应满足施工要求。由施工单位完成的深化设计应经建筑装饰装修设计单位确认。

（4）建筑装饰装修工程设计必须保证建筑物的结构安全和主要使用功能。既有建筑装饰装修工程设计涉及主体和承重结构变动时，必须在施工前委托原结构设计单位或者具有相应资质的设计单位提出设计方案，或由检测鉴定单位对建筑结构的安全性进行鉴定。

（5）建筑装饰装修工程的防火、防雷和抗震设计应符合现行国家标准的规定。

（6）当墙体或吊顶内的管线可能产生冰冻或结露时，应进行防冻或防结露设计。

5.1.2　材料质量要求

（1）建筑装饰装修工程所用材料的品种、规格和质量应符合设计要求和国家现行标准的规定，不得使用国家明令淘汰的材料。

（2）建筑装饰装修工程所用材料的燃烧性能应符合现行国家标准《建筑内部装修设计防火规范》（GB 50222—2017）和《建筑设计防火规范（2018版）》（GB 50016—2014）的规定。

（3）建筑装饰装修工程所用材料应符合国家有关建筑装饰装修材料有害物质限量标准的规定。

（4）建筑装饰装修工程采用的材料、构配件应按进场批次进行检验。属同一工程项目且同期施工的多个单位工程，对同一厂家生产的同批材料、构配件、器具及半成品，可统一划分检验批对品种、规格、外观和尺寸等进行验收，包装应完好，并应有产品合格证书、中文说明书及性能检测报告，进口产品应按规定进行商品检验。

（5）对于进场后需要进行复验的材料种类及项目，同一生产厂家的同一品种、同一类型的进场材料应至少抽取一组样品进行复验，当合同另有约定时应按合同执行。

（6）当国家规定或合同约定应对材料进行见证检测时，或对材料的质量产生争议时，应进行见证检测。

（7）承担建筑装饰装修材料检测的单位应具备相应的资质，并应建立质量管理体系。

（8）建筑装饰装修工程所使用的材料在运输、储存和施工过程中必须采取有效措施防止其损坏、变质和污染环境。

（9）建筑装饰装修工程所使用的材料应按设计要求进行防火、防腐和防虫处理。

5.1.3 施工质量要求

（1）承担建筑装饰装修工程施工的单位应具备相应的资质，并应建立质量管理体系。施工单位应编制施工组织设计并应经过审查批准，应按有关的施工工艺标准或经审定的施工技术方案施工，并应对施工全过程实行质量控制。

（2）承担建筑装饰装修工程施工的人员上岗前应进行培训。

（3）建筑装饰装修工程施工中，不得违反设计文件擅自改动建筑主体、承重结构或主要使用功能；未经设计确认和有关部门批准，不得擅自拆改主体结构和水、暖、电、燃气、通信等配套设施。

（4）施工单位应采取有效措施控制施工现场的各种粉尘、废气、废弃物、噪声、振动等对周围环境造成的污染和危害。

（5）施工单位应遵守有关施工安全、劳动保护、防火和防毒等管理制度，并应配备必要的设备、器具和标志。

（6）建筑装饰装修工程应在基体或基层的质量验收合格后施工。对既有建筑进行装饰装修前，应对基层进行处理。

（7）建筑装饰装修工程施工前应有主要材料的样板或做样板间（件），并应经有关各方确认。

（8）墙面采用保温材料的建筑装饰装修工程，所用保温材料的类型、品种、规格及施工工艺应符合设计要求。

（9）管道、设备等的安装及调试应在建筑装饰装修工程施工前完成，当必须同步进行时，应在饰面层施工前完成。建筑装饰装修工程不得影响管道、设备等的使用和维修，涉及燃气管道的建筑装饰装修工程必须符合有关安全管理的规定。

（10）建筑装饰装修工程的电气安装应符合设计要求，不得直埋电线。

（11）隐蔽工程验收应有记录，记录应包含隐蔽部位照片。施工质量的检验批验收应有现场检查原始记录。

（12）室内外装饰装修工程施工的环境条件应满足施工工艺的要求。

（13）建筑装饰装修工程施工过程中应做好半成品、成品的保护，防止污染和损坏。

（14）建筑装饰装修工程验收前应将施工现场清理干净。

5.1.4　建筑装饰装修工程的子分部工程和分项工程的划分

根据《建筑装饰装修工程质量验收标准》（GB 50210—2018）和《建筑工程施工质量验收统一标准》（GB 50300—2013），建筑装饰装修工程的子分部工程和分项工程划分见表5-1。其中，建筑地面子分部工程将在本书项目6中单独介绍。

表5-1　建筑装饰装修工程的子分部工程和分项工程划分

分部工程	子分部工程	分项工程
建筑装饰装修	抹灰	一般抹灰，保温层薄抹灰，装饰抹灰，清水砌体勾缝
	外墙防水	外墙砂浆防水，涂膜防水，透气膜防水
	门窗	木门窗制作与安装，金属门窗安装，塑料门窗安装，特种门安装，门窗玻璃安装
	吊顶	整体面层吊顶，板块面层吊顶，格栅吊顶
	轻质隔墙	板材隔墙，骨架隔墙，活动隔墙，玻璃隔墙
	饰面板	石板安装，陶瓷板安装，木板安装，金属板安装，塑料板安装
	饰面砖	外墙饰面砖粘贴，内墙饰面砖粘贴
	幕墙	玻璃幕墙安装，金属幕墙安装，石材幕墙安装，人造板材幕墙安装
	涂饰	水性涂料涂饰，溶剂型涂料涂饰，美术涂饰
	裱糊与软包	裱糊、软包
	细部	橱柜制作与安装，窗帘盒和窗台板制作与安装，门窗套制作与安装，护栏和扶手制作与安装，花饰制作与安装
	建筑地面	基层铺设，整体面层铺设，板块面层铺设，木、竹面层铺设

任务 5.2　抹灰工程

5.2.1　一般规定

抹灰工程主要包括一般抹灰、保温层薄抹灰、装饰抹灰和清水砌体勾缝四类。一般抹灰包括水泥砂浆、水泥混合砂浆、聚合物水泥砂浆和粉刷石膏等抹灰；保温层薄抹灰包括保温层外面聚合物砂浆薄抹灰；装饰抹灰包括水刷石、斩假石、干粘石和假面砖等装饰抹灰；清水砌体勾缝包括清水砌体砂浆勾缝和原浆勾缝。

（1）抹灰工程验收时应检查的文件和记录包括：抹灰工程的施工图、设计说明及其他设计文件；材料的产品合格证书、性能检测报告、进场验收记录和复验报告；隐蔽工程验收记录和施工记录。

（2）抹灰工程应对砂浆的拉伸粘结强度和聚合物砂浆的饱水率进行复验。

（3）抹灰工程应对下列隐蔽工程项目进行验收。

① 抹灰总厚度大于或等于 35 mm 时的加强措施。

② 不同材料基体交接处的加强措施。

（4）各分项工程的检验批应按下列规定划分。

① 相同材料、工艺和施工条件的室外抹灰工程每 1 000 m² 应划分为一个检验批，不足 1 000 m² 时也应划分为一个检验批。

② 相同材料、工艺和施工条件的室内抹灰工程每 50 个自然间应划分为一个检验批，不足 50 间也应划分为一个检验批，大面积房间和走廊可按抹灰面积 30 m² 为一间。

（5）检查数量应符合下列规定。

① 室内每个检验批应至少抽查 10%，并不得少于 3 间；不足 3 间时应全数检查。

② 室外每个检验批每 100 m² 应至少抽查一处，每处不得小于 10 m²。

（6）外墙抹灰工程施工前应先安装钢木门窗框、护栏等，应将墙上的施工孔洞堵塞密实，并对基层进行处理。

（7）室内墙面、柱面和门洞口的阳角做法应符合设计要求。设计无要求时，应采用不低于 M20 水泥砂浆做暗护角，其高度不应低于 2 m，每侧宽度不应小于 50 mm。

（8）当要求抹灰层具有防水、防潮功能时，应采用防水砂浆。

（9）各种砂浆抹灰层在凝结前应防止快干、水冲、撞击、振动和受冻，在凝结后应采取措施防止沾污和损坏。水泥砂浆抹灰层应在湿润条件下养护。

（10）外墙和顶棚的抹灰层与基层之间及各抹灰层之间必须粘结牢固。

5.2.2 一般抹灰工程质量检验标准

一般抹灰工程是指石灰砂浆、水泥砂浆、水泥混合砂浆、聚合物水泥砂浆和麻刀石灰、纸筋石灰、石膏灰等抹灰工程，分为普通抹灰和高级抹灰，当设计无要求时，按普通抹灰验收。

＜主控项目＞

（1）一般抹灰所用材料的品种和性能应符合设计要求及国家现行标准的有关规定。

（2）抹灰前基层表面的尘土、污垢、油渍等应清除干净，并应洒水润湿或进行界面处理。

（3）抹灰工程应分层进行。当抹灰总厚度大于或等于35 mm时，应采取加强措施。不同材料基体交接处表面的抹灰应采取防止开裂的加强措施，当采用加强网时，加强网与各基体的搭接宽度不应小于100 mm。

（4）抹灰层与基层之间及各抹灰层之间必须粘结牢固，抹灰层应无脱层和空鼓，面层应无爆灰和裂缝。

＜一般项目＞

（1）一般抹灰工程的表面质量应符合下列规定。

① 普通抹灰表面应光滑、洁净、接槎平整，分格缝应清晰。

② 高级抹灰表面应光滑、洁净、颜色均匀、无抹纹，分格缝和灰线应清晰美观。

（2）护角、孔洞、槽、盒周围的抹灰表面应整齐、光滑；管道后面的抹灰表面应平整。

（3）抹灰层的总厚度应符合设计要求；水泥砂浆不得抹在石灰砂浆层上；罩面石膏灰不得抹在水泥砂浆层上。

（4）抹灰分格缝的设置应符合设计要求，宽度和深度应均匀，表面应光滑，棱角应整齐。

（5）有排水要求的部位应做滴水线（槽）。滴水线（槽）应整齐顺直，滴水线应内高外低，滴水槽的宽度和深度均不应小于10 mm。

（6）一般抹灰工程质量的允许偏差和检验方法应符合表5-2的规定。

表5-2 一般抹灰工程质量的允许偏差和检验方法

序号	检查项目	允许偏差/mm		检验方法
		普通抹灰	高级抹灰	
1	立面垂直度	4	3	用2 m垂直检测尺检查
2	表面平整度	4	3	用2 m靠尺和塞尺检查
3	阴阳角方正	4	3	用直角检测尺检查
4	分格条（缝）直线度	4	3	拉5 m线，不足5 m拉通线，用钢直尺检查
5	墙裙、勒脚上口直线度	4	3	拉5 m线，不足5 m拉通线，用钢直尺检查

注：普通抹灰，本表第3项阴角方正可不检查；顶棚抹灰，本表第2项表面平整度可不检查，但应顺直。

5.2.3 保温层薄抹灰工程质量检验标准

我国建筑外墙保温节能要求北京等寒冷地区采用外保温外墙，保温层薄抹灰工程做法现在已大量应用。

<主控项目>

（1）保温层薄抹灰所用材料的品种和性能应符合设计要求及国家现行标准的有关规定。

（2）基层质量应符合设计和施工方案的要求。基层表面的尘土、污垢和油渍等应清除干净。基层含水率应满足施工工艺的要求。

（3）保温层薄抹灰及其加强处理应符合设计要求和国家现行标准的有关规定。

（4）抹灰层与基层之间及各抹灰层之间应粘结牢固，抹灰层应无脱层和空鼓，面层应无爆灰和裂缝。

<一般项目>

（1）保温层薄抹灰表面应光滑、洁净、颜色均匀、无抹纹，分格缝和灰线应清晰美观。

（2）护角、孔洞、槽、盒周围的抹灰表面应整齐、光滑；管道后面的抹灰表面应平整。

（3）保温层薄抹灰层的总厚度应符合设计要求。

（4）保温层薄抹灰分格缝的设置应符合设计要求，宽度和深度应均匀，表面应光滑，棱角应整齐。

（5）有排水要求的部位应做滴水线（槽）。滴水线（槽）应整齐顺直，滴水线应内高外低，滴水槽宽度和深度均不应小于10 mm。

（6）保温层薄抹灰工程质量的允许偏差和检验方法应符合表5-3的规定。

表5-3 保温层薄抹灰工程质量的允许偏差和检验方法

序号	检查项目	允许偏差/mm	检验方法
1	立面垂直度	3	用2 m垂直检测尺检查
2	表面平整度	3	用2 m靠尺和塞尺检查
3	阴阳角方正	3	用200 mm直角检测尺检查
4	分格条（缝）直线度	3	拉5 m线，不足5 m拉通线，用钢直尺检查

5.2.4 装饰抹灰工程质量检验标准

装饰抹灰工程主要指水刷石、斩假石、干粘石、假面砖等装饰抹灰工程。

<主控项目>

（1）装饰抹灰工程所用材料的品种和性能应符合设计要求及国家现行标准的有关规定。

（2）抹灰前基层表面的尘土、污垢、油渍等应清除干净，并应洒水润湿或进行界面处理。

（3）抹灰工程应分层进行。当抹灰总厚度大于或等于 35 mm 时，应采取加强措施。不同材料基体交接处表面的抹灰应采取防止开裂的加强措施，当采用加强网时，加强网与各基体的搭接宽度不应小于 100 mm。

（4）各抹灰层之间及抹灰层与基体之间应粘结牢固，抹灰层应无脱层、空鼓和裂缝。

< 一般项目 >

（1）装饰抹灰工程的表面质量应符合下列规定。

① 水刷石表面应石粒清晰、分布均匀、紧密平整、色泽一致，应无掉粒和接槎痕迹。

② 斩假石表面剁纹应均匀顺直、深浅一致，应无漏剁处；阳角处应横剁并留出宽窄一致的不剁边条，棱角应无损坏。

③ 干粘石表面应色泽一致、不露浆、不漏粘，石粒应粘结牢固、分布均匀，阳角处应无明显黑边。

④ 假面砖表面应平整、沟纹清晰、留缝整齐、色泽一致，应无掉角、脱皮、起砂等缺陷。

（2）装饰抹灰分格条（缝）的设置应符合设计要求，宽度和深度应均匀，表面应平整光滑，棱角应整齐。

（3）有排水要求的部位应做滴水线（槽）。滴水线（槽）应整齐顺直，滴水线应内高外低，滴水槽的宽度和深度均不应小于 10 mm。

（4）装饰抹灰工程质量的允许偏差和检验方法应符合表 5 - 4 的规定。

表 5 - 4　装饰抹灰工程质量的允许偏差和检验方法

序号	检查项目	允许偏差/mm				检验方法
		水刷石	斩假石	干粘石	假面砖	
1	立面垂直度	5	4	5	5	用 2 m 垂直检测尺检查
2	表面平整度	3	3	5	4	用 2 m 靠尺和塞尺检查
3	阳角方正	3	3	4	4	用 200 mm 直角检测尺检查
4	分格条（缝）直线度	3	3	3	3	拉 5 m 线，不足 5 m 拉通线，用钢直尺检查
5	墙裙、勒脚上口直线度	3	3	—	—	拉 5 m 线，不足 5 m 拉通线，用钢直尺检查

5.2.5　清水砌体勾缝工程质量检验标准

清水砌体勾缝工程主要包括清水砌体砂浆勾缝和原浆勾缝工程。

< 主控项目 >

（1）清水砌体勾缝所用砂浆的品种和性能应符合设计要求及国家现行标准的有关规定。

（2）清水砌体勾缝应无漏勾，勾缝材料应粘结牢固、无开裂。

＜一般项目＞

（1）清水砌体勾缝应横平竖直，交接处应平顺，宽度和深度应均匀，表面应压实抹平。

（2）灰缝应颜色一致，砌体表面应洁净。

任务5.3 外墙防水工程

5.3.1 一般规定

外墙防水工程主要包括外墙砂浆防水、涂膜防水和透气膜防水三个分项工程。

（1）建筑外墙防水工程的质量应符合下列规定。

① 防水层不得有渗漏现象。

② 使用的材料应符合设计要求。

③ 找平层应平整、坚固，不得有空鼓、酥松、起砂、起皮现象。

④ 门窗洞口、穿墙管、预埋件及收头等部位的防水构造应符合设计要求。

⑤ 砂浆防水层应坚固、平整，不得有空鼓、开裂、酥松、起砂、起皮现象。

⑥ 涂膜防水层应无裂纹、皱褶、流坠、鼓泡和露胎体现象。

⑦ 防水透气膜应铺设平整、固定牢固，不得有皱褶、翘边等现象。搭接宽度应符合要求，搭接缝和节点部位应密封严密。

⑧ 外墙防护层应平整、固定牢固，构造符合设计要求。

（2）外墙防水层渗漏检查应在持续淋水2 h或雨后进行。

（3）外墙防水防护使用的材料应有产品合格证和出厂检验报告，材料的品种、规格、性能等应符合国家现行有关标准和设计要求；对进场的防水防护材料应抽样复验，并提出抽样使用报告，不合格的材料不得在工程中使用。

（4）相同材料、工艺和施工条件的外墙防水工程每1 000 m²应划分为一个检验批，不足1 000 m²也应划分为一个检验批。每个检验批每100 m²应至少抽查一处，每处检查不得小于10 m²，节点构造应全部进行检查。

5.3.2 分项工程质量检验标准

1. 砂浆防水工程质量检验标准

＜主控项目＞

（1）砂浆防水层所用砂浆品种及性能指标应符合设计要求及国家现行标准的有关规定。

（2）砂浆防水层在变形缝、门窗洞口、穿外墙管道和预埋件等部位的做法应符合设计要求。

（3）砂浆防水层不得有渗漏现象。

（4）砂浆防水层与基层之间及防水层各层之间应粘结牢固，不得有空鼓。

＜一般项目＞

（1）砂浆防水层表面应密实、平整，不得有裂纹、起砂、麻面等缺陷。

（2）砂浆防水层施工缝留槎位置应正确，接槎应按层次顺序操作，层层搭接紧密。

（3）砂浆防水层的平均厚度应符合设计要求，其最小厚度应不得小于设计值的 80%。

2. 涂膜防水工程质量检验标准

＜主控项目＞

（1）涂膜防水层所用防水涂料及配套材料的品种及性能应符合设计要求及国家现行标准的有关规定。

（2）涂膜防水层不得有渗漏现象。涂膜防水层与基层之间应粘结牢固。

（3）涂膜防水层在变形缝、门窗洞口、穿外墙管道、预埋件等部位的做法应符合设计要求。

＜一般项目＞

（1）涂膜防水层的厚度应符合设计要求，最小厚度不应小于设计厚度的 80%。

（2）涂膜防水层表面应平整，涂刷应均匀，不得有流坠、露底、气泡、皱褶和翘边等缺陷。

3. 透气膜防水工程质量检验标准

＜主控项目＞

（1）透气膜防水层所用透气膜及配套材料的品种及性能应符合设计要求及国家现行标准的有关规定。

（2）透气膜防水层不得有渗漏现象。防水透气膜应与基层粘结固定牢固。

（3）透气膜防水层在变形缝、门窗洞口、穿外墙管道和预埋件等部位的做法应符合设计要求。

＜一般项目＞

（1）透气膜防水层表面应平整，不得有皱褶、伤痕、破裂等缺陷。

（2）防水透气膜的铺贴方向应正确，纵向搭接缝应错开，搭接宽度的负偏差不应大于 10 mm。

（3）防水透气膜的搭接缝应粘结牢固，密封严密；收头应与基层粘结并固定牢固，缝口应严密，不得有翘边现象。

5.3.3　外墙防水工程验收

（1）外墙防水工程验收时应检查下列文件和记录。

① 外墙防水工程的施工图、设计说明及其他设计文件。

② 施工方案及安全技术措施文件。

③ 材料的产品合格证书、性能检验报告、进场验收记录和复验报告。

④ 雨后或现场淋水检验记录。

⑤ 施工记录。

⑥ 隐蔽工程验收记录。

⑦ 施工单位的资质证书及操作人员的上岗证书。

（2）外墙防水工程应对下列材料及其性能指标进行复验。

① 防水砂浆的粘结强度和抗渗性能。

② 防水涂料的低温柔性和不透水性。

③ 防水透气膜的不透水性。

（3）外墙防水工程应对下列隐蔽工程项目进行验收。

① 外墙不同结构材料交接处的增强处理措施的节点。

② 防水层的搭接宽度及附加层。

③ 防水层在变形缝、门窗洞口、穿外墙管道、预埋件及收头等部位的节点。

任务 5.4　门窗工程

5.4.1　一般规定

门窗工程主要包括木门窗制作与安装、金属门窗安装、塑料门窗安装、特种门安装、门窗玻璃安装等分项工程。

（1）门窗工程验收时应检查下列文件和记录。

① 门窗工程的施工图、设计说明及其他设计文件。

② 材料的产品合格证书、性能检测报告、进场验收记录和复验报告。

③ 特种门及其附件的生产许可文件。

④ 隐蔽工程验收记录。

⑤ 施工记录。

（2）门窗工程应对下列材料及其性能指标进行复验。

① 人造木板门的甲醛释放量。

② 建筑外窗的气密性能、水密性能和抗风压性能。

（3）门窗工程应对下列隐蔽工程项目进行验收。

① 预埋件和锚固件。

② 隐蔽部位的防腐和填嵌处理。

③ 高层金属窗防雷连接节点。

（4）各分项工程的检验批应按下列规定划分。

① 同一品种、类型和规格的木门窗、金属门窗、塑料门窗及门窗玻璃每 100 樘应划分为一个检验批，不足 100 樘也应划分为一个检验批。

② 同一品种、类型和规格的特种门每 50 樘应划分为一个检验批，不足 50 樘也应划分为一个检验批。

（5）检查数量应符合下列规定。

① 木门窗、金属门窗、塑料门窗及门窗玻璃，每个检验批应至少抽查 5%，并不得少于 3 樘，不足 3 樘时应全数检查；高层建筑的外窗，每个检验批应至少抽查 10%，并不得少于 6 樘，不足 6 樘时应全数检查。

② 特种门每个检验批应至少抽查 50%，并不得少于 10 樘，不足 10 樘时应全数检查。

（6）门窗安装前，应对门窗洞口尺寸及相邻洞口的位置偏差进行检验。同一类型和规格外门窗洞口垂直、水平方向的位置应对齐，位置允许偏差应符合下列规定。

① 垂直方向的相邻洞口位置允许偏差应为 10 mm；全楼高度小于 30 m 的垂直方向洞口位置允许偏差应为 15 mm；全楼高度不小于 30 m 的垂直方向洞口位置允许偏差应为 20 mm。

② 水平方向的相邻洞口位置允许偏差应为 10 mm；全楼长度小于 30 m 的水平方向洞口位置允许偏差应为 15 mm；全楼长度不小于 30 m 的水平方向洞口位置允许偏差应为 20 mm。

（7）金属门窗和塑料门窗安装应采用预留洞口的方法施工。

（8）木门窗与砖石砌体、混凝土或抹灰层接触处应进行防腐处理，埋入砌体或混凝土中的木砖应进行防腐处理。

（9）当金属窗或塑料窗为组合窗时，其拼樘料的尺寸、规格、壁厚应符合设计要求。

（10）建筑外门窗的安装必须牢固。在砌体上安装门窗严禁采用射钉固定。推拉门窗扇必须牢固，必须安装防脱落装置。

（11）特种门安装除应符合设计要求外，还应符合国家现行标准的有关规定。

（12）门窗安全玻璃的使用应符合现行行业标准《建筑玻璃应用技术规程》（JGJ 113—2015）的规定。

（13）建筑外窗口的防水和排水构造应符合设计要求和国家现行标准的有关规定。

5.4.2　木门窗制作与安装工程质量检验标准

< 主控项目 >

（1）木门窗的品种、类型、规格、尺寸、开启方向、安装位置、连接方式及性能应符合设计要求及国家现行标准的有关规定。

（2）木门窗应采用烘干的木材，含水率及饰面质量应符合国家现行标准的有关规定。

（3）木门窗的防火、防腐、防虫处理应符合设计要求。

（4）木门窗框的安装应牢固。预埋木砖的防腐处理，木门窗框固定点的数量、位置及固定方法应符合设计要求。

（5）木门窗扇应安装牢固、开关灵活、关闭严密、无倒翘。

（6）木门窗配件的型号、规格、数量应符合设计要求，安装应牢固，位置应正确，功能应满足使用要求。

<一般项目>

（1）木门窗表面应洁净，不得有刨痕、锤印。

（2）木门窗的割角、拼缝应严密平整。门窗框、扇裁口应顺直，刨面应平整。

（3）木门窗上的槽、孔应边缘整齐，无毛刺。

（4）木门窗与墙体间的缝隙应填嵌饱满。严寒和寒冷地区外门窗（或门窗框）与砌体间的空隙应填充保温材料。

（5）木门窗批水、盖口条、压缝条和密封条的安装应顺直，与门窗结合应牢固、严密。

（6）平开木门窗安装的留缝限值、允许偏差和检验方法应符合表5-5的规定。

表5-5　平开木门窗安装的留缝限值、允许偏差和检验方法

序号	检查项目		留缝限值/mm	允许偏差/mm	检验方法
1	门窗框的正、侧面垂直度		—	2	用1 m垂直检测尺检查
2	框与扇接缝高低差		—	1	用塞尺检查
	扇与扇接缝高低差			1	
3	门窗扇对口缝		1～4	—	
4	工业厂房、围墙双扇大门对口缝		2～7	—	
5	门窗扇与上框间留缝		1～3	—	
6	门窗扇与合页侧框间留缝		1～3	—	
7	室外门窗与锁侧框间留缝		1～3	—	
8	门扇与下框间留缝		3～5	—	
9	窗扇与下框间留缝		1～3	—	
10	双层门窗内外框间距		—	4	用钢尺检查
11	无下框时门扇与地面间留缝	室外门	4～7	—	用钢直尺或塞尺检查
		室内门	4～8	—	
		卫生间门		—	
		厂房大门	10～20	—	
		围墙大门		—	
12	框与扇搭接宽度	门	—	2	用钢尺检查
		窗	—	1	用钢尺检查

5.4.3 金属门窗安装工程质量检验标准

金属门窗主要包括钢门窗、铝合金门窗、涂色镀锌钢板门窗等。

< 主控项目 >

（1）金属门窗的品种、类型、规格、尺寸、性能、开启方向、安装位置、连接方式及门窗的型材壁厚应符合设计要求及国家现行标准的有关规定。金属门窗的防雷、防腐处理及填嵌、密封处理应符合设计要求。

（2）金属门窗框和附框的安装应牢固。预埋件及锚固件的数量、位置、埋设方式、与框的连接方式必须符合设计要求。

（3）金属门窗扇应安装牢固、开关灵活、关闭严密、无倒翘。推拉门窗扇应安装防止扇脱落的装置。

（4）金属门窗配件的型号、规格、数量应符合设计要求，安装应牢固，位置应正确，功能应满足使用要求。

< 一般项目 >

（1）金属门窗表面应洁净、平整、光滑、色泽一致，应无锈蚀、擦伤、划痕和碰伤。漆膜或保护层应连续。型材的表面处理应符合设计要求及国家现行标准的有关规定。

（2）金属门窗推拉门窗扇开关力应不大于 50 N。

（3）金属门窗框与墙体之间的缝隙应填嵌饱满，并采用密封胶密封。密封胶表面应光滑、顺直，无裂纹。

（4）金属门窗扇的密封胶条或密封毛条装配应平整、完好，不得脱槽，交角处应平顺。

（5）有排水孔的金属门窗，排水孔应畅通，位置和数量应符合设计要求。

（6）钢门窗安装的留缝限值、允许偏差和检验方法应符合表 5－6 的规定。

表 5－6 钢门窗安装的留缝限值、允许偏差和检验方法

序号	检查项目		留缝限值/mm	允许偏差/mm	检验方法
1	门窗槽口宽度、高度	≤1 500 mm	—	2	用钢卷尺检查
		>1 500 mm	—	3	
2	门窗槽口对角线长度差	≤2 000 mm	—	3	用钢卷尺检查
		>2 000 mm	—	4	
3	门窗框的正、侧面垂直度		—	3	用 1 m 垂直检测尺检查
4	门窗横框的水平度		—	3	用 1 m 水平尺和塞尺检查
5	门窗横框标高		—	5	用钢卷尺检查
6	门窗竖向偏离中心		—	4	用钢卷尺检查
7	双层门窗内外框间距		—	5	用钢卷尺检查

序号	检查项目		留缝限值/mm	允许偏差/mm	检验方法
8	门窗框、扇配合间隙		≤2	—	用塞尺检查
9	平开门窗框扇搭接宽度	门	≥6	—	用钢直尺检查
		窗	≥4	—	用钢直尺检查
	推拉门窗框扇搭接宽度		≥6	—	用钢直尺检查
10	无下框时门窗与地面间留缝		4~8		用塞尺检查

（7）铝合金门窗安装的允许偏差和检验方法应符合表5-7的规定。

表5-7　铝合金门窗安装的允许偏差和检验方法

序号	检查项目		允许偏差/mm	检验方法
1	门窗槽口宽度、高度	≤2 000 mm	2	用钢卷尺检查
		>2 000 mm	3	
2	门窗槽口对角线长度差	≤2 500 mm	4	用钢卷尺检查
		>2 500 mm	5	
3	门窗框的正、侧面垂直度		2	用1 m垂直检测尺检查
4	门窗横框的水平度		2	用1 m水平尺和塞尺检查
5	门窗横框标高		5	用钢卷尺检查
6	门窗竖向偏离中心		5	用钢卷尺检查
7	双层门窗内外框间距		4	用钢卷尺检查
8	推拉门窗扇与框搭接宽度	门	2	用钢直尺检查
		窗	1	

（8）涂色镀锌钢板门窗安装的允许偏差和检验方法应符合表5-8的规定。

表5-8　涂色镀锌钢板门窗安装的允许偏差和检验方法

序号	检查项目		允许偏差/mm	检验方法
1	门窗槽口宽度、高度	≤1 500 mm	2	用钢卷尺检查
		>1 500 mm	3	
2	门窗槽口对角线长度差	≤2 000 mm	4	用钢卷尺检查
		>2 000 mm	5	
3	门窗框的正、侧面垂直度		3	用1 m垂直检测尺检查
4	门窗横框的水平度		3	用1 m水平尺和塞尺检查
5	门窗横框标高		5	用钢卷尺检查

序号	检查项目	允许偏差/mm	检验方法
6	门窗竖向偏离中心	5	用钢卷尺检查
7	双层门窗内外框间距	4	用钢卷尺检查
8	推拉门窗扇与框搭接宽度	2	用钢直尺检查

5.4.4　塑料门窗安装工程质量检验标准

本小节内容作为知识拓展，放入二维码中，供有需要或感兴趣的学生自学使用。

塑料门窗安装工程质量检验标准

5.4.5　特种门安装工程质量检验标准

本小节内容作为知识拓展，放入二维码中，供有需要或感兴趣的学生自学使用。

特种门安装工程质量检验标准

5.4.6　门窗玻璃安装工程质量检验标准

门窗玻璃主要包括平板、吸热、反射、中空、夹层、夹丝、磨砂、钢化、压花玻璃等类型。

＜主控项目＞

（1）玻璃的层数、品种、规格、尺寸、色彩、图案和涂膜朝向应符合设计要求。

（2）门窗玻璃裁割尺寸应正确。安装后的玻璃应牢固，不得有裂纹、损伤和松动。

（3）玻璃的安装方法应符合设计要求。固定玻璃的钉子或钢丝卡的数量、规格应保证玻璃安装牢固。

（4）镶钉木压条接触玻璃处应与裁口边缘平齐。木压条应互相紧密连接，并应与裁口边缘紧贴，割角应整齐。

（5）密封条与玻璃、玻璃槽口的接触应紧密、平整。密封胶与玻璃、玻璃槽口的边缘应粘结牢固、接缝平齐。

（6）带密封条的玻璃压条，其密封条应与玻璃贴紧，压条与型材之间应无明显缝隙。

＜一般项目＞

（1）玻璃表面应洁净，不得有腻子、密封胶、涂料等污渍。中空玻璃内外表面均应洁净，玻璃中空层内不得有灰尘和水蒸气。门窗玻璃不应直接接触型材。

（2）腻子及密封胶应填抹饱满、粘结牢固；腻子及密封胶边缘与裁口应平齐。固定玻璃的卡子不应在腻子表面显露。

（3）密封条不得卷边、脱槽，密封条接缝应粘结。

【典型案例 5 - 1】

某新建办公楼工程，项目部对装饰装修工程门窗子分部工程进行过程验收时，检查了塑料门窗安装等各分项工程并验收合格，检查了外窗气密性能等有关安全和功能检测项目合格报告，观感质量符合要求。

问：门窗子分部工程中还包括哪些分项工程？门窗工程有关安全和功能检测的项目还有哪些？

典型案例5-1解析

任务 5.5 吊顶工程

5.5.1 一般规定

吊顶工程主要包括整体面层吊顶、板块面层吊顶和格栅吊顶3种常见类型。整体面层吊顶是指面层材料接缝不外露的吊顶，包括以轻钢龙骨、铝合金龙骨和木龙骨等为骨架，以石膏板、水泥纤维板和木板等为整体面层的吊顶；板块面层吊顶是指面层材料接缝外露的吊顶，包括以轻钢龙骨、铝合金龙骨和木龙骨等为骨架，以石膏板、金属板、矿棉板、木板、塑料板、玻璃板和复合板等为板块面层的吊顶；格栅吊顶是指由条状或点状等材料不连续安装的吊顶，包括以轻钢龙骨、铝合金龙骨和木龙骨等为骨架，以金属、木材、塑料和复合材料等为格栅面层的吊顶。

（1）吊顶工程验收时应检查下列文件和记录。

① 吊顶工程的施工图、设计说明及其他设计文件。

② 材料的产品合格证书、性能检测报告、进场验收记录和复验报告。

③ 隐蔽工程验收记录。

④ 施工记录。

（2）吊顶工程应对人造木板的甲醛含量进行复验。

（3）吊顶工程应对下列隐蔽工程项目进行验收。

① 吊顶内管道、设备的安装及水管试压、风管严密性检验。

② 木龙骨防火、防腐处理。

③ 埋件。

④ 吊杆安装。

⑤ 龙骨安装。

⑥ 填充材料的设置。

⑦ 反支撑及钢结构转换层。

（4）同一品种的吊顶工程每 50 间应划分为一个检验批，不足 50 间也应划分为一个检验批，大面积房间和走廊按吊顶面积每 30 m² 为 1 间。

（5）每个检验批应至少抽查 10%，并不得少于 3 间，不足 3 间时应全数检查。

（6）安装龙骨前，应按设计要求对房间净高、洞口标高和吊顶内管道、设备及其支架的标高进行交接检验。

（7）吊顶工程的木龙骨和木饰面板必须进行防火处理，并应符合有关设计防火规范的规定。

（8）吊顶工程中的预埋件、钢筋吊杆和型钢吊杆应进行防锈处理。

（9）安装面板前应完成吊顶内管道和设备的调试及验收。

（10）吊杆距主龙骨端部距离不得大于 300 mm。当吊杆长度大于 1 500 mm 时，应设置反支撑。当吊杆与设备相遇时，应调整并增设吊杆或采用型钢支架。

（11）龙骨的设置主要是为了固定饰面材料，一些轻型设备如小型灯具、烟感器、喷淋头、风口箅子等也可以固定在饰面材料上。但是为了保证吊顶工程的使用安全，重型灯具、电扇及其他重型设备严禁安装在吊顶工程的龙骨上，以避免发生脱落伤人事故。

（12）吊顶埋件与吊杆的连接、吊杆与龙骨的连接、龙骨与面板的连接应安全可靠。

（13）吊杆上部为网架、钢屋架或吊杆长度大于 2 500 mm 时，应设有钢结构转换层。

（14）大面积或狭长形吊顶面层的伸缩缝及分格缝应符合设计要求。

5.5.2　整体面层吊顶工程质量检验标准

<主控项目>

（1）吊顶标高、尺寸、起拱和造型应符合设计要求。

（2）面层材料的材质、品种、规格、图案、颜色和性能应符合设计要求及国家现行标准的有关规定。

（3）整体面层吊顶工程的吊杆、龙骨和面板的安装必须牢固。

（4）吊杆和龙骨的材质、规格、安装间距及连接方式应符合设计要求。金属吊杆和龙骨应经过表面防腐处理；木龙骨应进行防腐、防火处理。

（5）石膏板、水泥纤维板的接缝应按其施工工艺标准进行板缝防裂处理。安装双层板时，面层板与基层板的接缝应错开，并不得在同一根龙骨上接缝。

<一般项目>

（1）面层材料表面应洁净、色泽一致，不得有翘曲、裂缝及缺损。压条应平直、宽窄

一致。

（2）面板上的灯具、烟感器、喷淋头、风口箅子和检修口等设备设施的位置应合理、美观，与面板的交接应吻合、严密。

（3）金属龙骨的接缝应均匀一致，角缝应吻合，表面应平整，应无翘曲和锤印。木质龙骨应顺直，应无劈裂和变形。

（4）吊顶内填充吸声材料的品种和铺设厚度应符合设计要求，并应有防散落措施。

（5）整体面层吊顶工程安装的允许偏差和检验方法应符合表5-9的规定。

表5-9　整体面层吊顶工程安装的允许偏差和检验方法

序号	检查项目	允许偏差/mm	检验方法
1	表面平整度	3	用2 m靠尺和塞尺检查
2	缝格、凹槽直线度	3	拉5 m线，不足5 m拉通线，用钢直尺检查

5.5.3　板块面层吊顶工程质量检验标准

本小节内容作为知识拓展，放入二维码中，供有需要或感兴趣的学生自学使用。

板块面层吊顶工程质量检验标准

5.5.4　格栅吊顶工程质量检验标准

本小节内容作为知识拓展，放入二维码中，供有需要或感兴趣的学生自学使用。

格栅吊顶工程质量检验标准

任务5.6　轻质隔墙工程

5.6.1　一般规定

轻质隔墙是指非承重轻质内隔墙，不包括加气混凝土砌块、空心砌块及各种小型砌块等砌体类轻质隔墙。轻质隔墙工程所用材料的种类和隔墙的构造方法很多，主要可归纳为板材隔墙、骨架隔墙、活动隔墙、玻璃隔墙4种类型。

（1）轻质隔墙工程验收时应检查下列文件和记录。

① 轻质隔墙工程的施工图、设计说明及其他设计文件。

② 材料的产品合格证书、性能检测报告、进场验收记录和复验报告。

③ 隐蔽工程验收记录。

④ 施工记录。

（2）轻质隔墙工程应对人造木板的甲醛含量进行复验。

（3）轻质隔墙工程应对下列隐蔽工程项目进行验收。

① 骨架隔墙中设备管线的安装及水管试压。

② 木龙骨防火、防腐处理。

③ 预埋件或拉结筋。

④ 龙骨安装。

⑤ 填充材料的设置。

（4）同一品种的轻质隔墙工程每 50 间应划分为一个检验批，不足 50 间也应划分为一个检验批，大面积房间和走廊可按轻质隔墙面积每 30 m² 为 1 间。

（5）板材隔墙和骨架隔墙每个检验批应至少抽查 10%，并不得少于 3 间，不足 3 间时应全数检查；活动隔墙和玻璃隔墙每个检验批应至少抽查 20%，并不得少于 6 间，不足 6 间时应全数检查。

（6）轻质隔墙与顶棚和其他墙体的交接处应采取防开裂措施。

（7）民用建筑轻质隔墙工程的隔声性能应符合现行国家标准《民用建筑隔声设计规范》（GB 50118—2010）的规定。

5.6.2　板材隔墙工程质量检验标准

板材隔墙是指不需要设置隔墙龙骨，由隔墙板材自承重，将预制或现制的隔墙板材直接固定于建筑主体结构上的隔墙工程。目前这类轻质隔墙的应用范围很广，使用的隔墙板材通常分为复合板材、单一材料板材、空心板材等类型。常见的隔墙板材有复合轻质墙板、石膏空心板、预制或现制的钢丝网水泥板等。

＜主控项目＞

（1）隔墙板材的品种、规格、颜色和性能应符合设计要求。有隔声、隔热、阻燃、防潮等特殊要求的工程，板材应有相应性能等级的检测报告。

（2）安装隔墙板材所需预埋件、连接件的位置、数量及连接方法应符合设计要求。

（3）隔墙板材安装应牢固。

（4）隔墙板材所用接缝材料的品种及接缝方法应符合设计要求。

（5）隔墙板材安装应位置正确，板材不应有裂缝或缺损。

＜一般项目＞

（1）板材隔墙表面应光洁、平顺、色泽一致，接缝应均匀、顺直。

（2）隔墙上的孔洞、槽、盒应位置正确、套割方正、边缘整齐。

（3）板材隔墙安装的允许偏差和检验方法应符合表5-10的规定。

表5-10 板材隔墙安装的允许偏差和检验方法

序号	检查项目	允许偏差/mm				检验方法
		复合轻质墙板		石膏空心板	增强水泥板、混凝土轻质板	
		金属夹芯板	其他复合板			
1	立面垂直度	2	3	3	3	用2 m垂直检测尺检查
2	表面平整度	2	3	3	3	用2 m靠尺和塞尺检查
3	阴阳角方正	3	3	3	4	用200 mm直角检测尺检查
4	接缝高低差	1	2	2	3	用钢直尺和塞尺检查

5.6.3 骨架隔墙工程质量检验标准

骨架隔墙是指在隔墙龙骨两侧安装墙面板以形成墙体的轻质隔墙。这一类隔墙主要是由龙骨作为受力骨架固定于建筑主体结构上。本节所述骨架隔墙是指以轻钢龙骨、木龙骨等为骨架，以纸面石膏板、人造木板、水泥纤维板等为墙面板的隔墙。

<主控项目>

（1）骨架隔墙所用龙骨、配件、墙面板、填充材料及嵌缝材料的品种、规格、性能和木材的含水率应符合设计要求。有隔声、隔热、阻燃、防潮等特殊要求的工程，材料应有相应性能等级的检测报告。

（2）骨架隔墙地梁所用材料、尺寸及位置等应符合设计要求。骨架隔墙的沿地、沿顶及边框龙骨应与基体结构连接牢固。

（3）骨架隔墙中龙骨间距和构造连接方法应符合设计要求。骨架内设备管线的安装、门窗洞口等部位加强龙骨的安装应牢固、位置正确。填充材料的品种、厚度及设置应符合设计要求。

（4）木龙骨及木墙面板的防火和防腐处理必须符合设计要求。

（5）骨架隔墙的墙面板应安装牢固，无脱层、翘曲、折裂及缺损。

（6）墙面板所用接缝材料的接缝方法应符合设计要求。

<一般项目>

（1）骨架隔墙表面应平整光滑、色泽一致、洁净、无裂缝，接缝应均匀、顺直。

（2）骨架隔墙上的孔洞、槽、盒应位置正确、套割吻合、边缘整齐。

（3）骨架隔墙内的填充材料应干燥，填充应密实、均匀、无下坠。

（4）骨架隔墙安装的允许偏差和检验方法应符合表5-11的规定。

表 5 - 11　骨架隔墙安装的允许偏差和检验方法

序号	检查项目	允许偏差/mm		检验方法
		纸面石膏板	人造木板、水泥纤维板	
1	立面垂直度	3	4	用 2 m 垂直检测尺检查
2	表面平整度	3	3	用 2 m 靠尺和塞尺检查
3	阴阳角方正	3	3	用 200 mm 直角检测尺检查
4	接缝直线度	—	3	拉 5 m 线，不足 5 m 拉通线，用钢直尺检查
5	压条直线度	—	3	拉 5 m 线，不足 5 m 拉通线，用钢直尺检查
6	接缝高低差	1	1	用钢直尺和塞尺检查

5.6.4　活动隔墙工程质量检验标准

本小节内容作为知识拓展，放入二维码中，供有需要或感兴趣的学生自学使用。

活动隔墙工程
质量检验标准

5.6.5　玻璃隔墙工程质量检验标准

本小节内容作为知识拓展，放入二维码中，供有需要或感兴趣的学生自学使用。

玻璃隔墙工程
质量检验标准

任务 5.7　饰面板和饰面砖工程

5.7.1　饰面板工程质量检验的一般规定

饰面板工程指内墙饰面板安装工程和高度不大于 24 m、抗震设防烈度不大于 8 度的外墙饰面板安装工程，包括石板安装等多个分项工程。

（1）饰面板工程验收时应检查下列文件和记录。

① 饰面板工程的施工图、设计说明及其他设计文件。

② 材料的产品合格证书、性能检测报告、进场验收记录和复验报告。

③ 后置埋件的现场拉拔检测报告。

④ 满粘法施工的外墙石板和外墙陶瓷板粘结强度检验报告。

⑤ 隐蔽工程验收记录。

⑥ 施工记录。

（2）饰面板工程应对下列材料及其性能指标进行复验。

① 室内用花岗石板的放射性、室内用人造木板的甲醛释放量。

② 水泥基粘结料的粘结强度。

③ 外墙陶瓷面砖的吸水率。

④ 严寒和寒冷地区外墙陶瓷板的抗冻性。

（3）饰面板工程应对隐蔽工程项目进行验收，包括预埋件（或后置埋件），龙骨安装，连接节点，防水、保温、防火节点，外墙金属板防雷连接节点。

（4）各分项工程的检验批应按下列规定划分。

① 相同材料、工艺和施工条件的室内饰面板工程每 50 间应划分为一个检验批，不足 50 间也应划分为一个检验批，大面积房间和走廊可按饰面板面积 30 m² 计为 1 间。

② 相同材料、工艺和施工条件的室外饰面板工程每 1 000 m² 应划分为一个检验批，不足 1 000 m² 也应划分为一个检验批。

（5）检查数量应符合下列规定。

① 室内每个检验批应至少抽查 10%，并不得少于 3 间；不足 3 间时应全数检查。

② 室外每个检验批每 100 m² 应至少抽查一处，每处不得小于 10 m²。

（6）饰面板工程的防震缝、伸缩缝、沉降缝等部位的处理应保证缝的使用功能和饰面的完整性。

5.7.2 石板安装工程质量检验标准

<主控项目>

（1）石板的品种、规格、颜色和性能应符合设计要求及国家现行标准的有关规定。

（2）石板孔、槽的数量、位置和尺寸应符合设计要求。

（3）石板安装工程的预埋件（或后置埋件）、连接件的材质、数量、规格、位置、连接方法和防腐处理必须符合设计要求。后置埋件的现场拉拔力应符合设计要求。石板安装应牢固。

（4）采用满粘法施工的石板工程，石板与基层之间的粘结料应饱满、无空鼓。石板粘结应牢固。

<一般项目>

（1）石板表面应平整、洁净、色泽一致，应无裂痕和缺损。石材表面应无泛碱等污染。

（2）石板填缝应密实、平直，宽度和深度应符合设计要求，填缝材料色泽应一致。

（3）采用湿作业法施工的石板安装工程，石材应进行防碱封闭处理。石板与基体之间的灌注材料应饱满、密实。

（4）石板上的孔洞应套割吻合，边缘应整齐。

（5）石板安装的允许偏差和检验方法应符合表 5 – 12 的规定。

表 5 – 12　石板安装的允许偏差和检验方法

序号	检查项目	允许偏差/mm			检验方法
		光面	剁斧石	蘑菇石	
1	立面垂直度	2	3	3	用 2 m 垂直检测尺检查
2	表面平整度	2	3	—	用 2 m 靠尺和塞尺检查
3	阴阳角方正	2	4	4	用 200 mm 直角检测尺检查
4	接缝直线度	2	4	4	拉 5 m 线，不足 5 m 拉通线，用钢直尺检查
5	墙裙、勒脚上口直线度	2	3	3	
6	接缝高低差	1	3	—	用钢直尺和塞尺检查
7	接缝宽度	1	2	2	用钢直尺检查

5.7.3　饰面砖工程质量检验的一般规定

饰面砖工程指内墙饰面砖粘贴工程和高度不大于 100 m、抗震设防烈度不大于 8 度、采用满粘法施工的外墙饰面砖粘贴工程。

（1）饰面砖工程验收时应检查下列文件和记录。

① 饰面砖工程的施工图、设计说明及其他设计文件。

② 材料的产品合格证书、性能检验报告、进场验收记录和复验报告。

③ 外墙饰面砖施工前粘贴样板和外墙饰面砖粘贴工程饰面砖粘结强度检验报告。

④ 隐蔽工程验收记录。

⑤ 施工记录。

（2）饰面砖工程应对下列材料及其性能指标进行复验。

① 室内用花岗石和瓷质饰面砖的放射性。

② 水泥基粘结材料与所用外墙饰面砖的拉伸粘结强度。

③ 外墙陶瓷饰面砖的吸水率。

④ 严寒及寒冷地区外墙陶瓷饰面砖的抗冻性。

（3）饰面砖工程应对下列隐蔽工程项目进行验收。

① 基层和基体。

② 防水层。

（4）各分项工程的检验批应按下列规定划分。

① 相同材料、工艺和施工条件的室内饰面砖工程每 50 间应划分为一个检验批，不足 50

间也应划分为一个检验批，大面积房间和走廊可按饰面砖面积每 30 m² 计为 1 间。

② 相同材料、工艺和施工条件的室外饰面砖工程每 1 000 m² 应划分为一个检验批，不足 1 000 m² 也应划分为一个检验批。

（5）检查数量应符合下列规定。

① 室内每个检验批应至少抽查 10%，并不得少于 3 间，不足 3 间时应全数检查。

② 室外每个检验批每 100 m² 应至少抽查一处，每处不得小于 10 m²。

（6）外墙饰面砖工程施工前，应在待施工基层上做样板，并对样板的饰面砖粘结强度进行检验，检验方法和结果判定应符合现行行业标准《建筑工程饰面砖粘结强度检验标准》（JGJ/T 110—2017）的规定。

（7）饰面砖工程的防震缝、伸缩缝、沉降缝等部位的处理应保证缝的使用功能和饰面的完整性。

5.7.4　内墙饰面砖粘贴工程质量检验标准

＜主控项目＞

（1）内墙饰面砖的品种、规格、图案、颜色和性能应符合设计要求及国家现行标准的有关规定。

（2）内墙饰面砖粘贴工程的找平、防水、粘结和填缝材料及施工方法应符合设计要求及国家现行标准的有关规定。

（3）内墙饰面砖粘贴应牢固。

（4）满粘法施工的内墙饰面砖应无裂缝，大面和阳角应无空鼓。

＜一般项目＞

（1）内墙饰面砖表面应平整、洁净、色泽一致，应无裂痕和缺损。

（2）内墙面凸出物周围的饰面砖应整砖套割吻合，边缘应整齐。墙裙、贴脸凸出墙面的厚度应一致。

（3）内墙饰面砖接缝应平直、光滑，填嵌应连续、密实；宽度和深度应符合设计要求。

（4）内墙饰面砖粘贴的允许偏差和检验方法应符合表 5 – 13 的规定。

表 5 – 13　内墙饰面砖粘贴的允许偏差和检验方法

序号	检查项目	允许偏差/mm	检验方法
1	立面垂直度	2	用 2 m 垂直检测尺检查
2	表面平整度	3	用 2 m 靠尺和塞尺检查
3	阴阳角方正	3	用 200 mm 直角检测尺检查
4	接缝直线度	2	拉 5 m 线，不足 5 m 拉通线，用钢直尺检查
5	接缝高低差	1	用钢直尺和塞尺检查
6	接缝宽度	1	用钢直尺检查

5.7.5 外墙饰面砖粘贴工程质量检验标准

<主控项目>

（1）外墙饰面砖的品种、规格、图案、颜色和性能应符合设计要求及国家现行标准的有关规定。

（2）外墙饰面砖粘贴工程的找平、防水、粘结和填缝材料及施工方法应符合设计要求和现行行业标准《外墙饰面砖工程施工及验收规程》（JGJ 126—2015）的规定。

（3）外墙饰面砖粘贴工程的伸缩缝设置应符合设计要求。

（4）外墙饰面砖粘贴应牢固。外墙饰面砖工程应无空鼓、裂缝。

<一般项目>

（1）外墙饰面砖表面应平整、洁净、色泽一致，应无裂痕和缺损。

（2）饰面砖外墙阴阳角构造应符合设计要求。

（3）墙面凸出物周围的外墙饰面砖应整砖套割吻合，边缘应整齐。墙裙、贴脸凸出墙面的厚度应一致。

（4）外墙饰面砖接缝应平直、光滑，填嵌应连续、密实；宽度和深度应符合设计要求。

（5）有排水要求的部位应做滴水线（槽）。滴水线（槽）应顺直，流水坡向应正确，坡度应符合设计要求。

（6）外墙饰面砖粘贴的允许偏差和检验方法应符合表5－14的规定。

表5－14 外墙饰面砖粘贴的允许偏差和检验方法

序号	检查项目	允许偏差/mm	检验方法
1	立面垂直度	3	用2 m垂直检测尺检查
2	表面平整度	4	用2 m靠尺和塞尺检查
3	阴阳角方正	3	用200 mm直角检测尺检查
4	接缝直线度	3	拉5 m线，不足5 m拉通线，用钢直尺检查
5	接缝高低差	1	用钢直尺和塞尺检查
6	接缝宽度	1	用钢直尺检查

任务5.8 幕墙工程

5.8.1 一般规定

由金属构件与各种板材组成的悬挂在主体结构上、不承担主体结构荷载与作用的建筑物外围护结构称为建筑幕墙。按建筑幕墙的面板种类可将其分为玻璃幕墙、金属幕墙、石材幕墙、混凝土幕墙及组合幕墙等。按建筑幕墙的安装形式又可将其分为散装建筑幕墙、半单元建筑幕墙、单元建筑幕墙、小单元建筑幕墙等。

（1）幕墙工程验收时应检查下列文件和记录。

① 幕墙工程的施工图、结构计算书、热工性能计算书、设计变更文件、设计说明及其他设计文件。

② 建筑设计单位对幕墙工程设计的确认文件。

③ 幕墙工程所用材料、构件、组件、紧固件及其他附件的产品合格证书、性能检测报告、进场验收记录和复验报告。

④ 幕墙工程所用硅酮结构胶的抽查合格证明；国家批准的检测机构出具的硅酮结构胶相容性和剥离粘结性检验报告；石材用密封胶的耐污染性检验报告。

⑤ 后置埋件和槽式预埋件的现场拉拔力检测报告。

⑥ 封闭式幕墙的气密性能、水密性能、抗风压性能及层间变形性能检测报告。

⑦ 注胶、养护环境的温度、湿度记录；双组分硅酮结构胶的混匀性试验记录及拉断试验记录。

⑧ 幕墙与主体结构防雷接地点之间的电阻检测记录。

⑨ 隐蔽工程验收记录。

⑩ 幕墙构件、组件和面板的加工制作记录。

⑪ 幕墙安装施工记录。

⑫ 张拉杆索体系预拉力张拉记录。

⑬ 现场淋水检验记录。

（2）幕墙工程应对下列材料及其性能指标进行复验。

① 铝塑复合板的剥离强度。

② 石材、瓷板、陶板、微晶玻璃板、木纤维板、纤维水泥板和石材蜂窝板的抗弯强度；严寒、寒冷地区石材、瓷板、陶板、纤维水泥板和石材蜂窝板的抗冻性；室内用花岗石的放射性。

③ 幕墙用结构胶的邵氏硬度、标准条件拉伸粘结强度、相容性试验、剥离粘结性试验；石材用密封胶的污染性。

④ 中空玻璃的密封性能。

⑤ 防火、保温材料的燃烧性能。

⑥ 铝材、钢材主受力杆件的抗拉强度。

（3）幕墙工程应对下列隐蔽工程项目进行验收。

① 预埋件或后置埋件、锚栓及连接件。

② 构件的连接节点。

③ 幕墙四周、幕墙内表面与主体结构之间的封堵。

④ 伸缩缝、沉降缝、防震缝及墙面转角节点。

⑤ 隐框玻璃板块的固定。

⑥ 幕墙防雷连接节点。

⑦ 幕墙防火、隔烟节点。

⑧ 单元式幕墙的封口节点。

（4）各分项工程的检验批应按下列规定划分。

① 相同设计、材料、工艺和施工条件的幕墙工程每 1 000 m² 应划分为一个检验批，不足 1 000 m² 也应划分为一个检验批。

② 同一单位工程的不连续的幕墙工程应单独划分检验批。

③ 对于异型或有特殊要求的幕墙，检验批的划分应根据幕墙的结构、工艺特点及幕墙工程规模，由监理单位（或建设单位）和施工单位协商确定。

（5）幕墙工程主控项目和一般项目的验收内容、检验方法、检查数量应符合现行行业标准《玻璃幕墙工程技术规范》（JGJ 102—2003）、《金属与石材幕墙工程技术规范》（JGJ 133—2001）和《人造板材幕墙工程技术规范》（JGJ 336—2016）的规定。

（6）幕墙及其连接件应具有足够的承载力、刚度和相对于主体结构的位移能力。当幕墙构架立柱的连接金属角码与其他连接件采用螺栓连接时，应有防松动措施。

（7）玻璃幕墙采用中性硅结构密封胶时，其性能应符合现行国家标准《建筑用硅酮结构密封胶》（GB 16776—2005）的规定；硅酮结构密封胶应在有效期内使用。

（8）不同金属材料接触时应采用绝缘垫片分隔。

（9）硅酮结构密封胶的注胶应在洁净的专用注胶室进行，且养护环境、温度、湿度条件应符合结构胶产品的使用规定。

（10）幕墙的防火应符合设计要求和现行国家标准《建筑设计防火规范［2018 版］》（GB 50016—2014）的规定。

（11）幕墙与主体结构连接的各种预埋件，其数量、规格、位置和防腐处理必须符合设计要求。

（12）幕墙的变形缝等部位的处理应保证缝的使用功能和饰面的完整性。

5.8.2　玻璃幕墙工程质量检验标准

本节所述质量检验要求适用于建筑高度不大于150 m、抗震设防烈度不大于8度的隐框玻璃幕墙、半隐框玻璃幕墙、明框玻璃幕墙、全玻幕墙及点支承玻璃幕墙工程。

＜主控项目＞

（1）玻璃幕墙工程所使用的各种材料、构件和组件的质量应符合设计要求及国家现行产品标准和工程技术规范的规定。

（2）玻璃幕墙的造型和立面分格应符合设计要求。

（3）玻璃幕墙使用的玻璃应符合下列规定。

① 幕墙应使用安全玻璃（夹层玻璃和钢化玻璃），玻璃的品种、规格、颜色、光学性能及安装方向应符合设计要求。

② 幕墙玻璃的厚度不应小于 6.0 mm。全玻幕墙肋玻璃的厚度不应小于 12 mm。

③ 幕墙的中空玻璃应采用双道密封。明框幕墙的中空玻璃应采用聚硫密封胶及丁基密封胶；隐框和半隐框幕墙的中空玻璃应采用硅酮结构密封胶及丁基密封胶；镀膜面应在中空玻璃的第 2 面或第 3 面上。

④ 幕墙的夹层玻璃应采用聚乙烯醇缩丁醛胶片干法加工合成的夹层玻璃。点支承玻璃幕墙夹层玻璃的夹层胶片厚度不应小于 0.76 mm。

⑤ 钢化玻璃表面不得有损伤；8.0 mm 以下的钢化玻璃应进行引爆处理。

⑥ 所有幕墙玻璃均应进行边缘处理。

（4）玻璃幕墙与主体结构连接的各种预埋件、连接件、紧固件必须安装牢固，其数量、规格、位置、连接方法和防腐处理应符合设计要求。

（5）各种连接件、紧固件的螺栓应有防松动措施；焊接连接应符合设计要求和焊接规范的规定。

（6）隐框或半隐框玻璃幕墙，每块玻璃下端应设置两个铝合金或不锈钢托条，其长度不应小于 100 mm，厚度不应小于 2 mm，托条外端应低于玻璃外表面 2 mm。

（7）明框玻璃幕墙的玻璃安装应符合下列规定。

① 玻璃槽口与玻璃的配合尺寸应符合设计要求和技术标准的规定。

② 玻璃与构件不得直接接触，玻璃四周与构件凹槽底部应保持一定的空隙，每块玻璃下部应至少放置两块宽度与槽口宽度相同、长度不小于 100 mm 的弹性定位垫块；玻璃两边嵌入量及空隙应符合设计要求。

③ 玻璃四周橡胶条的材质、型号应符合设计要求，镶嵌应平整，橡胶条长度应比边框内槽长 1.5% ~ 2.0%，橡胶条在转角处应斜面断开，并应用胶粘剂①粘结牢固后嵌入槽内。

（8）高度超过 4 m 的全玻幕墙应吊挂在主体结构上，吊夹具应符合设计要求，玻璃与玻璃、玻璃与玻璃肋之间的缝隙应采用硅酮结构密封胶填嵌严密。

（9）点支承玻璃幕墙应采用带万向头的活动不锈钢爪，其钢爪间的中心距离应大于 250 mm。

（10）玻璃幕墙四周、玻璃幕墙内表面与主体结构之间的连接节点、各种变形缝、墙角的连接节点应符合设计要求和技术标准的规定。

（11）玻璃幕墙应无渗漏。

（12）玻璃幕墙结构胶和密封胶的打注应饱满、密实、连续、均匀、无气泡，宽度和厚度应符合设计要求和技术标准的规定。

---

① 为遵循行业标准中的用法，全书统一使用"胶粘剂"。

（13）玻璃幕墙开启窗的配件应齐全，安装应牢固，安装位置和开启方向、角度应正确；开启应灵活，关闭应严密。

（14）玻璃幕墙的防雷装置必须与主体结构的防雷装置可靠连接。

< 一般项目 >

（1）玻璃幕墙表面应平整、洁净；整幅玻璃的色泽应均匀一致；不得有污染和镀膜损坏。

（2）每平方米玻璃的表面质量要求和检验方法应符合表5-15的规定。

表5-15　每平方米玻璃的表面质量要求和检验方法

序号	检查项目	质量要求	检验方法
1	明显划伤和长度>100 mm的轻微划伤	不允许	观察
2	长度≤100 mm的轻微划伤	≤8 条	用钢尺检查
3	擦伤总面积	≤500 m²	用钢尺检查

（3）一个分格铝合金型材的表面质量要求和检验方法应符合表5-16的规定。

表5-16　一个分格铝合金型材的表面质量要求和检验方法

序号	检查项目	质量要求	检验方法
1	明显划伤和长度>100 mm的轻微划伤	不允许	观察
2	长度≤100 mm的轻微划伤	≤2 条	用钢尺检查
3	擦伤总面积	≤500 m²	用钢尺检查

（4）明框玻璃幕墙的外露框或压条应横平竖直，颜色、规格应符合设计要求，压条安装应牢固。单元玻璃幕墙的单元拼缝或隐框玻璃幕墙的分格玻璃拼缝应横平竖直、均匀一致。

（5）玻璃幕墙的密封胶缝应横平竖直、深浅一致、宽窄均匀、光滑顺直。

（6）防火、保温材料填充应饱满、均匀，表面应密实、平整。

（7）玻璃幕墙隐蔽节点的遮封装修应牢固、整齐、美观。

（8）明框玻璃幕墙安装的允许偏差和检验方法应符合表5-17的规定。

表5-17　明框玻璃幕墙安装的允许偏差和检验方法

序号	检查项目	检查项目	允许偏差/mm	检验方法
1	幕墙垂直度	幕墙高度≤30 m	10	用经纬仪检查
		30 m<幕墙高度≤60 m	15	
		60 m<幕墙高度≤90 m	20	
		幕墙高度>90 m	25	
2	幕墙水平度	幕墙幅宽≤35 m	5	用水平仪检查
		幕墙幅宽>35 m	7	

序号	检查项目		允许偏差/mm	检验方法
3	构件直线度		2	用2m靠尺和塞尺检查
4	构件水平度	构件长度≤2 m	2	用水平仪检查
		构件长度>2 m	3	
5	相邻构件错位		1	用钢直尺检查
6	分格框对角线长度差	对角线长度≤2 m	3	用钢尺检查
		对角线长度>2 m	4	

（9）隐框、半隐框玻璃幕墙安装的允许偏差和检验方法应符合表5－18的规定。

表5－18　隐框、半隐框玻璃幕墙安装的允许偏差和检验方法

序号	检查项目		允许偏差/mm	检验方法
1	幕墙垂直度	幕墙高度≤30 m	10	用经纬仪检查
		30 m<幕墙高度≤60 m	15	
		60 m<幕墙高度≤90 m	20	
		幕墙高度>90 m	25	
2	幕墙水平度	层高≤3 m	3	用水平仪检查
		层高>3 m	5	
3	幕墙表面平整度		2	用2m靠尺和塞尺检查
4	板材立面垂直度		2	用垂直检测尺检查
5	板材上沿水平度		2	用1m水平尺和钢直尺检查
6	相邻板材板角错位		1	用钢直尺检查
7	阳角方正		2	用直角检测尺检查
8	接缝直线度		3	拉5m线，不足5m拉通线，用钢直尺检查
9	接缝高低差		1	用钢直尺和塞尺检查
10	接缝宽度		1	用钢直尺检查

5.8.3　金属幕墙工程质量检验标准

　　本小节内容作为知识拓展，放入二维码中，供有需要或感兴趣的学生自学使用。

金属幕墙工程
质量检验标准

5.8.4　石材幕墙工程质量检验标准

本小节内容作为知识拓展，放入二维码中，供有需要或感兴趣的
学生自学使用。

石材幕墙工程
质量检验标准

【典型案例 5 – 2】

某高层钢结构工程，建筑面积 28 000 m²，地下 1 层，地上 12 层，
外围护结构为玻璃幕墙和石材幕墙，外墙保温材料为新型保温材料；
屋面为现浇钢筋混凝土板，防水等级为 1 级。采用卷材防水。施工
中，施工单位对幕墙与各楼层楼板间的缝隙防火隔离处理进行了检查，
对幕墙的抗风压性能、空气渗透性能、雨水渗透性能、平面变形性能
等有关安全和功能检测项目进行了见证取样或抽样检查。

典型案例 5 – 2 解析

问：建筑幕墙与各楼层楼板间的缝隙隔离的主要防火构造做法是什么？幕墙工程中有关
安全和功能的检测项目有哪些？

任务 5.9　涂饰工程

5.9.1　一般规定

涂饰工程主要包括水性涂料涂饰、溶剂型涂料涂饰和美术涂饰 3 个分项工程。

（1）涂饰工程验收时应检查下列文件和记录。

① 涂饰工程的施工图、设计说明及其他设计文件。

② 材料的产品合格证书、性能检测报告、有害物质限量检验报告和进场验收记录。

③ 施工记录。

（2）各分项工程的检验批应按下列规定划分。

① 室外涂饰工程每一栋楼的同类涂料涂饰的墙面每 1 000 m² 应划分为一个检验批，不
足 1 000 m² 也应划分为一个检验批。

② 室内涂饰工程同类涂料涂饰的墙面每 50 间应划分为一个检验批，不足 50 间也应划
分为一个检验批，大面积房间和走廊可按涂饰面积每 30 m² 计为 1 间。

（3）检查数量应符合下列规定。

① 室外涂饰工程每 100 m² 应至少检查一处，每处不得小于 10 m²。

② 室内涂饰工程每个检验批应至少抽查 10%，并不得少于 3 间；不足 3 间时应全数检查。

（4）涂饰工程的基层处理应符合下列要求。

① 新建筑物的混凝土或抹灰基层在用腻子找平或直接涂饰涂料前应涂刷抗碱封闭底漆。

② 既有建筑墙面在用腻子找平或直接涂饰涂料前应清除疏松的旧装修层，并涂刷界面剂。

③ 混凝土或抹灰基层在用溶剂型腻子找平或直接涂刷溶剂型涂料时，含水率不得大于8%；在用乳液型腻子找平或直接涂刷乳液型涂料时，含水率不得大于10%。木材基层的含水率不得大于12%。

④ 找平层应平整、坚实、牢固，无粉化、起皮和裂缝；内墙找平层的粘结强度应符合现行行业标准《建筑室内用腻子》（JG/T 298—2010）的规定。

⑤ 厨房、卫生间墙面的找平层应使用耐水腻子。

（5）水性涂料涂饰工程施工的环境温度应在 5 ℃ ~ 35 ℃。

（6）涂饰工程施工时应对与涂层衔接的其他装修材料、邻近的设备等采取有效的保护措施，以避免由涂料造成的沾污。

（7）涂饰工程应在涂层养护期满后进行质量验收。

5.9.2 水性涂料涂饰工程质量检验标准

本节所述质量检验要求适用于乳液型涂料、无机涂料、水溶性涂料等水性涂料涂饰工程。

< 主控项目 >

（1）水性涂料涂饰工程所用涂料的品种、型号和性能应符合设计要求。

（2）水性涂料涂饰工程的颜色、光泽、图案应符合设计要求。

（3）水性涂料涂饰工程应涂饰均匀、粘结牢固，不得漏涂、透底、开裂、起皮和掉粉。

（4）水性涂料涂饰工程的基层处理应符合第5.9.1节第（4）条的要求。

< 一般项目 >

（1）薄涂料的涂饰质量和检验方法应符合表 5 – 19 的规定。

表 5 – 19　薄涂料的涂饰质量和检验方法

序号	检查项目	普通涂饰	高级涂饰	检验方法
1	颜色	均匀一致	均匀一致	观察
2	光泽、光滑	光泽基本均匀，光滑无挡手感	光泽均匀一致，光滑	
3	泛碱、咬色	允许少量轻微	不允许	
4	流坠、疙瘩	允许少量轻微	不允许	
5	砂眼、刷纹	允许少量轻微砂眼，刷纹通顺	无砂眼，无刷纹	

（2）厚涂料的涂饰质量和检验方法应符合表 5 – 20 的规定。

表 5-20　厚涂料的涂饰质量和检验方法

序号	检查项目	普通涂饰	高级涂饰	检验方法
1	颜色	均匀一致	均匀一致	观察
2	光泽	光泽基本均匀	光泽均匀一致	
3	泛碱、咬色	允许少量轻微	不允许	
4	点状分布	—	疏密均匀	

（3）复合涂料的涂饰质量和检验方法应符合表 5-21 的规定。

表 5-21　复合涂料的涂饰质量和检验方法

序号	检查项目	高级涂饰	检验方法
1	颜色	均匀一致	观察
2	光泽	光泽基本均匀	
3	泛碱、咬色	不允许	
4	喷点疏密程度	均匀，不允许连片	

（4）涂层与其他装修材料和设备衔接处应吻合，界面应清晰。

5.9.3　溶剂型涂料涂饰工程质量检验标准

本小节内容作为知识拓展，放入二维码中，供有需要或感兴趣的学生自学使用。

溶剂型涂料涂饰
工程质量检验
标准

5.9.4　美术涂饰工程质量检验标准

本小节内容作为知识拓展，放入二维码中，供有需要或感兴趣的学生自学使用。

美术涂饰工程
质量检验标准

任务 5.10　裱糊与软包工程

5.10.1　一般规定

裱糊与软包工程具体指聚氯乙烯塑料壁纸、纸质壁纸、墙布等裱糊工程和织物、皮革、人造革等软包工程的质量检验。

（1）裱糊与软包工程验收时应检查下列资料。

① 裱糊与软包工程的施工图、设计说明及其他设计文件。

② 饰面材料的样板及确认文件。

③ 材料的产品合格证书、性能检测报告、进场验收记录和复验报告。

④ 饰面材料及封闭底漆、胶粘剂、涂料的有害物质限量检验报告。

⑤ 隐蔽工程验收记录。

⑥ 施工记录。

（2）软包工程应对木材的含水率及人造木板的甲醛释放量进行复验。

（3）裱糊工程应对基层封闭底漆、腻子、封闭底胶及软包内衬材料进行隐蔽工程验收。裱糊前，基层处理应达到下列规定。

① 新建筑物的混凝土抹灰基层墙面在刮腻子前应涂刷抗碱封闭底漆。

② 粉化的旧墙面应先除去粉化层，并在刮涂腻子前涂刷一层界面处理剂。

③ 混凝土或抹灰基层含水率不得大于8%；木材基层的含水率不得大于12%。

④ 石膏板基层，接缝及裂缝处应贴加强网布后再刮腻子。

⑤ 基层腻子应平整、坚实、牢固，无粉化、起皮、空鼓、酥松、裂缝和泛碱；腻子的粘结强度不得小于0.3 MPa。

⑥ 基层表面平整度、立面垂直度及阴阳角方正应达到高级抹灰的要求。

⑦ 基层表面颜色应一致。

⑧ 裱糊前应用封闭底胶涂刷基层。

（4）同一品种的裱糊或软包工程每50间应划分为一个检验批，不足50间也应划分为一个检验批，大面积房间和走廊可按裱糊或软包面积每30 m² 计为1间。

（5）检查数量应符合下列规定。

① 裱糊工程每个检验批应至少抽查5间，不足5间时应全数检查。

② 软包工程每个检验批应至少抽查10间，不足10间时应全数检查。

5.10.2 裱糊工程质量检验标准

＜主控项目＞

（1）壁纸、墙布的种类、规格、图案、颜色和燃烧性能等级必须符合设计要求及国家现行标准的有关规定。

（2）裱糊工程基层处理质量应符合高级抹灰的要求。

（3）裱糊后各幅拼接应横平竖直，拼接处花纹、图案应吻合，应不离缝、不搭接、不显拼缝。

（4）壁纸、墙布应粘贴牢固，不得有漏贴、补贴、脱层、空鼓和翘边。

<一般项目>

（1）裱糊后的壁纸、墙布表面应平整，不得有波纹起伏、气泡、裂缝、皱褶；表面色泽应一致，不得有斑污，斜视时应无胶痕。

（2）复合压花壁纸和发泡壁纸的压痕或发泡层应无损坏。

（3）壁纸、墙布与装饰线、踢脚板、门窗框的交接处应吻合、严密、顺直；与墙面上电气槽、盒的交接处套割应吻合，不得有缝隙。

（4）壁纸、墙布边缘应平直整齐，不得有纸毛、飞刺。

（5）壁纸、墙布阴角处搭接应顺光，阳角处应无接缝。

（6）裱糊工程的允许偏差和检验方法应符合表 5 – 22 的规定。

表 5 – 22　裱糊工程的允许偏差和检验方法

序号	检查项目	允许偏差/mm	检验方法
1	表面平整度	3	用 2 m 靠尺和塞尺检查
2	立面垂直度	3	用 2 m 垂直检测尺检查
3	阴阳角方正	3	用 200 mm 直角检测尺检查

5.10.3　软包工程质量检验标准

<主控项目>

（1）软包工程的安装位置及构造做法应符合设计要求。

（2）软包边框所选木材的材质、花纹、颜色和燃烧性能等级应符合设计要求及国家现行标准的有关规定。

（3）软包衬板材质、品种、规格、含水率应符合设计要求。面料及内衬材料的品种、规格、颜色、图案及燃烧性能等级应符合国家现行标准的有关规定。

（4）软包工程的龙骨、边框应安装牢固。

（5）软包衬板与基层应连接牢固，无翘曲、变形，拼缝应平直，相邻板面接缝应符合设计要求，横向无错位拼接的分格应保持通缝。

<一般项目>

（1）单块软包面料不应有接缝，四周应绷压严密。需要拼花的，拼接处花纹、图案应吻合。软包饰面上电气槽、盒的开口位置、尺寸应正确，套割应吻合，槽、盒四周应镶硬边。

（2）软包工程的表面应平整、洁净、无污染、无凹凸不平及皱褶；图案应清晰、无色差，整体应协调美观、符合设计要求。

（3）软包工程的边框表面应平整、光滑、顺直，无色差、无钉眼；对缝、拼角应均匀对称、接缝吻合。清漆制品木纹、色泽应协调一致。

（4）软包内衬应饱满，边缘应平齐。

（5）软包墙面与装饰线、踢脚板、门窗框的交接处应吻合、严密、顺直。交接（留缝）方式应符合设计要求。

（6）软包工程安装的允许偏差和检验方法应符合表 5-23 的规定。

表 5-23　软包工程安装的允许偏差和检验方法

序号	检查项目	允许偏差/mm	检验方法
1	单块软包边框水平度	3	用 1 m 水平尺和塞尺检查
2	单块软包边框垂直度	3	用 1 m 垂直检测尺检查
3	单块软包宽度、高度	0，-2	从框的裁口里角用钢尺检查
4	单块软包对角线长度差	3	从框的裁口里角用钢尺检查
5	分格条（缝）直线度	3	拉 5 m 线，不足 5 m 拉通线，用钢直尺检查
6	裁口、线条接缝高低差	1	用直尺和塞尺检查

细部工程

任务 5.11　细部工程

本任务内容作为知识拓展，放入二维码中，供有需要或感兴趣的学生自学使用。

任务 5.12　建筑装饰装修工程验收

建筑装饰装修工程是一个分部工程，具体划分为若干个子分部工程，各子分部工程由若干个分项工程组成，各分项工程又由一个或多个检验批组成。检验批是工程验收的最小单位。分部工程质量验收以检验批的质量验收为起点，然后进行分项工程质量验收，最后是分部（子分部）工程的验收。

（1）建筑装饰装修工程施工过程中，应对隐蔽工程进行验收。

（2）检验批质量验收的合格判定应符合下列规定。

① 抽查样本均应符合主控项目的规定。

② 抽查样本的 80% 以上应符合一般项目的规定。其余样本不得有影响使用功能或明显影响装饰效果的缺陷，其中有允许偏差的检验项目，其最大偏差不得超过规范规定允许偏差的 1.5 倍。

（3）分项工程的质量验收要求分项工程中各检验批的质量均应验收合格。

（4）子分部工程的质量验收要求子分部工程中各分项工程的质量均应验收合格，并应符合下列规定。

① 应具备各子分部工程规定检查的文件和记录。

② 应具备表 5 - 24 所规定的有关安全和功能的检测项目的合格报告。

③ 观感质量应符合各分项工程中一般项目的要求。

表 5 - 24　有关安全和功能的检测项目

序号	子分部工程	检测项目
1	门窗工程	建筑外窗的气密性能、水密性能和抗风压性能
2	饰面板工程	饰面板后置埋件的现场拉拔力
3	饰面砖工程	外墙饰面砖样板及工程的饰面砖粘结强度
4	幕墙工程	（1）硅酮结构胶的相容性和剥离粘结性； （2）幕墙后置埋件和槽式预埋件的现场拉拔力； （3）幕墙的气密性、水密性、抗风压性能及层间变形性能

（5）分部工程的质量验收要求分部工程中各子分部工程的质量均应验收合格，并应按第（4）条① 至③ 款的规定进行核查。当建筑工程只有装饰装修分部工程时，该工程应作为单位工程验收。

（6）有特殊要求的建筑装饰装修工程，竣工验收时应按合同约定加测相关技术指标。

（7）建筑装饰装修工程的室内环境质量应符合现行国家标准《民用建筑工程室内环境污染控制标准》（GB 50325—2020）的规定。

（8）未经竣工验收合格的建筑装饰装修工程不得投入使用。

巩固练习

1. 建筑装饰装修工程材料质量和施工质量的基本要求分别有哪些？

2. 装饰抹灰工程施工质量检验的主控项目包括哪些？

3. 建筑外墙防水子分部工程包括哪些分项工程？其工程质量一般应符合哪些规定？

4. 门窗工程验收时应检查哪些文件和记录？需要对哪些材料及其性能指标进行复验？

5. 木门窗制作与安装工程质量检验的主控项目包括哪些？

6. 金属门窗安装工程施工质量检验的主控项目包括哪些？

7. 吊顶工程应对哪些隐蔽工程项目进行验收？

8. 轻质隔墙分为哪几种类型？轻质隔墙工程应对哪些隐蔽工程项目进行验收？

9. 饰面板工程验收时应检查哪些文件和记录？需要对哪些材料及其性能指标进行复验？

10. 幕墙工程验收时应检查哪些文件和记录？应对哪些隐蔽工程项目进行验收？

11. 玻璃幕墙使用的玻璃应符合哪些规定？

12. 涂饰工程的基层处理应符合哪些要求？

13. 裱糊工程在裱糊前，基层处理的质量应达到哪些要求？

14. 细部子分部工程一般包括哪些分项工程？

15. 建筑装饰装修工程检验批质量验收的合格判定应符合哪些规定？

在线自测

项目 5 在线自测

项目6 PROJECT 6

建筑地面工程质量检验

项目概述

建筑地面是建筑物底层地面和楼层地面（楼面）的总称，地面面层是指直接承受各种物理和化学作用的地面表面层，包括整体面层、板块面层和木、竹面层3类。建筑地面工程是建筑装饰装修分部工程的一项子分部工程。建筑地面工程的质量直接影响建筑的使用功能，日常生活中常见的砖地面空鼓、接缝不平、缝子不均、爆裂起拱、倒泛水等问题，以及木地面的踩踏有响声、地板缝不严、表面不平整、地板起鼓、地板条腐烂等问题，都可以在施工过程中通过采取相应措施和配套的质量检验来避免，从而保证建筑地面工程的质量。

在本项目中，我们将主要学习建筑地面工程施工质量检验的内容、要求和方法，子分部、分项的划分，常见检验批的质量检验标准等。本项目所述的建筑地面工程（含室外散水、明沟、踏步、台阶和坡道）不包括超净、屏蔽、绝缘、防止放射线及防腐蚀等有特殊要求的建筑地面工程。

学习目标

1. 了解建筑地面工程施工质量控制要点。
2. 了解建筑地面工程子分部工程和分项工程的划分。

3. 熟悉建筑地面工程常见检验批、分项工程、子分部工程的施工质量要求和检验标准。

依托标准

《建筑地面工程施工质量验收规范》（GB 50209—2010）。

任务6.1 基本规定

6.1.1 施工质量控制要点

（1）从事建筑地面工程施工的建筑施工企业应有质量管理体系和相应的施工工艺技术标准。

（2）建筑地面工程采用的材料或产品应符合设计要求和国家现行有关标准的规定。无国家现行标准的，应具有省级住房和城乡建设行政主管部门的技术认可文件。材料或产品进场时还应符合下列规定。

① 应有质量合格证明文件。

② 应对型号、规格、外观等进行验收，对重要材料或产品应抽样进行复验。

（3）建筑地面工程采用的大理石、花岗石、料石等天然石材及砖、预制板块、地毯、人造板材、胶粘剂、涂料、水泥、砂、石、外加剂等材料或产品应符合国家现行有关室内环境污染控制和放射性、有害物质限量的规定。材料进场时应具有检测报告。

（4）厕浴间和有防滑要求的建筑地面应符合设计防滑要求。

（5）有种植要求的建筑地面，其构造做法应符合设计要求和现行行业标准《种植屋面工程技术规程》（JGJ 155—2013）的有关规定。设计无要求时，种植地面应低于相邻建筑地面50 mm以上或做槛台处理。

（6）地面辐射供暖系统的设计、施工及验收应符合现行行业标准《辐射供暖供冷技术规程》（JGJ 142—2012）的有关规定。

（7）地面辐射供暖系统施工验收合格后方可进行面层铺设。面层分格缝的构造做法应符合设计要求。

（8）建筑地面下的沟槽、暗管、保温、隔热、隔声等工程完工后，应经检验合格并做隐蔽记录，方可进行建筑地面工程的施工。

（9）建筑地面工程基层（各构造层）和面层的铺设均应待其下一层检验合格后方可施工上一层。建筑地面工程各层铺设前与相关专业的分部（子分部）工程、分项工程及设备管道安装工程之间应进行交接检验。

（10）建筑地面工程施工时，各层环境温度的控制应符合材料或产品的技术要求，并应符合下列规定。

① 采用掺有水泥、石灰的拌合料铺设及用石油沥青胶结料铺贴时，环境温度不应低于5 ℃。

② 采用有机胶粘剂粘结时，环境温度不应低于10 ℃。

③ 采用砂、石材料铺设时，环境温度不应低于0 ℃。

④ 采用自流平、涂料铺设时，环境温度不应低于5 ℃，也不应高于30 ℃。

（11）铺设有坡度的地面应采用基土高差达到设计要求的坡度，铺设有坡度的楼面（或架空地面）应采用在结构楼层板上变更填充层（或找平层）铺设的厚度或以结构起坡达到设计要求的坡度。

（12）建筑物室内接触基土的首层地面施工应符合设计要求，并应符合下列规定。

① 在冻胀土上铺设地面时，应按设计要求做好防冻胀土处理后方可施工，并不得在冻胀土层上进行填土施工。

② 在永冻土上铺设地面时，应按建筑节能要求进行隔热、保温处理后方可施工。

（13）室外散水、明沟、踏步、台阶和坡道等，其面层和基层（各构造层）均应符合设计要求。施工时应按《建筑地面工程施工质量验收规范》（GB 50209—2010）基层铺设中基土和相应垫层及面层的规定执行。

（14）水泥混凝土散水、明沟应设置伸缩缝，其延长米间距不得大于10 m，对日晒强烈且昼夜温差超过15 ℃的地区，其延长米间距宜为4～6 m。水泥混凝土散水、明沟和台阶等与建筑物邻接处及房屋转角处应设缝处理。上述缝的宽度应为15～20 mm，缝内应填嵌柔性密封材料。

（15）建筑地面的变形缝应按设计要求设置，并应符合下列规定。

① 建筑地面的沉降缝、伸缝、缩缝和防震缝应与结构相应缝的位置一致，且应贯通建筑地面的各构造层。

② 沉降缝和防震缝的宽度应符合设计要求，缝内清理干净，以柔性密封材料填嵌后用板封盖，并应与面层齐平。

（16）当建筑地面采用镶边时，应按设计要求设置并应符合下列规定。

① 在强烈机械作用下的水泥类整体面层与其他类型的面层邻接处应设置金属镶边构件。

② 具有较大振动或变形的设备基础与周围建筑地面的邻接处应沿设备基础周边设置贯通建筑地面各构造层的沉降缝（防震缝），缝的处理应执行第（15）条的规定。

③ 采用水磨石整体面层时应用同类材料镶边，并用分格条进行分格。

④ 条石面层和砖面层与其他面层邻接处应用顶铺的同类材料镶边。

⑤ 采用木、竹面层和塑料板面层时应用同类材料镶边。

⑥ 地面面层与管沟、孔洞、检查井等邻接处均应设置镶边。

⑦ 管沟、变形缝等处的建筑地面面层的镶边构件应在面层铺设前装设。

⑧ 建筑地面的镶边宜与柱、墙面或踢脚线的变化协调一致。

（17）厕浴间、厨房和有排水（或其他液体）要求的建筑地面面层与相连接各类面层的标高差应符合设计要求。

（18）检验同一施工批次、同一配合比水泥混凝土和水泥砂浆强度的试块，应按每一层（或检验批）建筑地面工程不少于 1 组。当每一层（或检验批）建筑地面工程面积大于 1 000 m² 时，每增加 1 000 m² 应增做 1 组试块；小于 1 000 m² 按 1 000 m² 计算，取样 1 组；检验同一施工批次、同一配合比的散水、明沟、踏步、台阶、坡道的水泥混凝土、水泥砂浆强度的试块，应按每 150 延长米不少于 1 组。

（19）各类面层的铺设宜在室内装饰工程基本完工后进行。木、竹面层，塑料板面层，活动地板面层，地毯面层的铺设均应待抹灰工程、管道试压等完工后进行。

（20）建筑地面工程施工质量的检验应符合下列规定。

① 基层（各构造层）和各类面层的分项工程的施工质量验收应按每 1 层次或每层施工段（或变形缝）划分检验批，高层建筑的标准层可按每 3 层（不足 3 层按 3 层计）划分检验批。

② 每检验批应以各子分部工程的基层（各构造层）和各类面层所划分的分项工程按自然间（或标准间）检验，抽查数量应随机检验不少于 3 间，不足 3 间的应全数检查。其中走廊（过道）应以 10 延长米为 1 间，工业厂房（按单跨计）、礼堂、门厅应以两个轴线为 1 间计算。

③ 有防水要求的建筑地面子分部工程的分项工程施工质量，每检验批抽查数量应按其房间总数随机检验不应少于 4 间，不足 4 间的应全数检查。

（21）建筑地面工程的分项工程施工质量检验的主控项目应达到规范规定的质量标准，认定为合格；一般项目 80% 以上的检查点（处）符合规范规定的质量要求，其他检查点（处）不得有明显影响使用，且最大偏差值不超过允许偏差值的 50% 为合格。凡达不到质量标准的，应按现行国家标准《建筑工程施工质量验收统一标准》（GB 50300—2013）的规定处理。

（22）建筑地面工程的施工质量验收应在建筑施工企业自检合格的基础上，由监理单位或建设单位组织有关单位对分项工程、子分部工程进行检验，检验方法应符合下列规定。

① 检查允许偏差应采用钢尺、1 m 直尺、2 m 直尺、3 m 直尺、2 m 靠尺、楔形塞尺、坡度尺、游标卡尺和水准仪。

② 检查空鼓应采用敲击的方法。

③ 检查防水隔离层应采用蓄水方法，蓄水深度最浅处不得小于 10 mm，蓄水时间不得少于 24 h；检查有防水要求的建筑地面的面层应采用泼水方法。

④ 检查各类面层（含不需要铺设部分或局部面层）表面的裂纹脱皮、麻面和起砂等缺

陷，应采用观感的方法。

（23）建筑地面工程完工后，应对面层采取保护措施。

【典型案例 6-1】

某新建住宅工程，室内卫生间采用聚氨酯防水涂料，水泥砂浆粘贴陶瓷饰面板。卫生间装修施工中，记录有以下事项：穿楼板止水套管周围二次浇筑混凝土抗渗等级与原混凝土相同；陶瓷饰面板进场时检查放射性限量检测报告合格；地面饰面板与水泥砂浆结合层分段先后铺设；防水层、设备和饰面板层施工完成后，一并进行 1 次蓄水、淋水试验。

典型案例 6-1 解析

问：卫生间施工记录中有哪些不妥之处？写出正确做法。

6.1.2　建筑地面工程子分部工程和分项工程划分

根据《建筑工程施工质量验收统一标准》（GB 50300—2013）和《建筑地面工程施工质量验收规范》（GB 50209—2010），建筑地面工程子分部工程和分项工程的划分见表 6-1。

表 6-1　建筑地面工程子分部工程和分项工程的划分

分部工程	子分部工程	分项工程
建筑装饰装修	地面（整体面层）	基层：基土、灰土垫层、砂垫层和砂石垫层、碎石垫层和碎砖垫层、三合土及四合土垫层、炉渣垫层、水泥混凝土垫层和陶粒混凝土垫层、找平层、隔离层、填充层、绝热层
		面层：水泥混凝土面层、水泥砂浆面层、水磨石面层、硬化耐磨面层、防油渗面层、不发火（防爆）面层、自流平面层、涂料面层、塑胶面层、地面辐射供暖的整体面层
	地面（板块面层）	基层：基土、灰土垫层、砂垫层和砂石垫层、碎石垫层和碎砖垫层、三合土及四合土垫层、炉渣垫层、水泥混凝土垫层和陶粒混凝土垫层、找平层、隔离层、填充层、绝热层
		面层：砖面层（陶瓷锦砖、缸砖、陶瓷地砖和水泥花砖面层）、大理石面层和花岗石面层、预制板块面层（水泥混凝土板块、水磨石板块、人造石板块面层）、料石面层（条石、块石面层）、塑料板面层、活动地板面层、金属板面层、地毯面层、地面辐射供暖的板块面层

续表

分部工程	子分部工程		分项工程
建筑装饰装修	地面	木、竹面层	基层：基土、灰土垫层、砂垫层和砂石垫层、碎石垫层和碎砖垫层、三合土及四合土垫层、炉渣垫层、水泥混凝土垫层和陶粒混凝土垫层、找平层、隔离层、填充层、绝热层
			面层：实木地板面层、实木集成地板面层、竹地板面层（条材、块材面层）、实木复合地板面层（条材、块材面层）、浸渍纸层压木质地板面层（条材、块材面层）、软木类地板面层（条材、块材面层）、地面辐射供暖的木板面层

任务 6.2 基层铺设

6.2.1 一般规定

基层是建筑地面面层下的构造层，基层铺设工程主要包括基土、垫层、找平层、隔离层、绝热层和填充层等分项工程。其中，基土是指建筑底层地面的地基土层；垫层是承受并传递地面荷载于基土上的构造层；找平层是在垫层、楼板上或填充层（轻质、松散材料）上起整平、找坡或加强作用的构造层；隔离层是具有防止建筑地面上各种液体或地下水、潮气渗透地面等作用的构造层，当仅防止地下潮气透过地面时，可称作防潮层；绝热层是用于地面阻挡热量传递的构造层；填充层是建筑地面中具有隔声、找坡等作用和暗敷管线的构造层。

（1）基层铺设的材料质量、密实度和强度等级（或配合比）等应符合设计要求和规范规定。

（2）基层铺设前，其下一层表面应干净、无积水。

（3）垫层分段施工时，接槎处应做成阶梯形，每层接槎处的水平距离应错开 0.5～1.0 m。接槎处不应设在地面荷载较大的部位。

（4）当垫层、找平层、填充层内埋设暗管时，管道应按设计要求予以稳固。

（5）对有防静电要求的整体地面的基层，应清除残留物，将露出基层的金属物涂绝缘漆两遍并晾干。

（6）基层的标高、坡度、厚度等应符合设计要求。基层表面应平整，其允许偏差和检验方法应符合表 6-2 的规定。

表6-2 基层表面的允许偏差和检验方法

序号			1	2	3	4
检查项目			表面平整度	标高	坡度	厚度
允许偏差/mm	基土	土	15	0, −50	不大于房间相应尺寸的 2/1 000,且不大于30	在个别地方不大于设计厚度的1/10,且不大于20
	垫层	砂、砂石、碎石、碎砖	15	±20		
		灰土、三合土、四合土、炉渣、水泥混凝土、陶粒混凝土	10	±10		
		木搁栅	3	±5		
		垫层地板 拼花实木地板、拼花实木复合地板、软木类地板面层	3	±5		
	找平层	其他种类面层	5	±8		
		用胶结材料做结合层铺设板块面层	3	±5		
		用水泥砂浆做结合层铺设板块面层	5	±8		
		用胶粘剂做结合层铺设拼花木板、浸渍纸层压木质地板、实木复合地板、竹地板、软木地板面层	2	±4		
		金属板面层	3	±4		
	填充层	松散材料	7	±4		
		板、块材料	5	±4		
	隔离层	防水、防潮、防油渗	3	±4		
	绝热层	板块材料、浇筑材料、喷涂材料	4	±4		
检验方法			用2 m靠尺和楔形塞尺	用水准仪检查	用坡度尺检查	用钢尺检查

6.2.2 基土

（1）地面应铺设在均匀密实的基土上。土层结构被扰动的基土应进行换填，并予以压实。压实系数应符合设计要求。

（2）对软弱土层应按设计要求进行处理。

（3）填土应分层摊铺、分层压（夯）实、分层检验其密实度。填土质量应符合现行国家标准《建筑地基基础工程施工质量验收标准》（GB 50202—2018）的有关规定。

（4）填土时土应为最优含水量。重要工程或大面积的地面在填土前应取土样，按击实试验确定最优含水量与相应的最大干密度。

（5）基土质量检验标准如下。

<主控项目>

① 基土不应用淤泥、腐殖土、冻土、耕植土、膨胀土和建筑杂物作为填土，填土土块的粒径不应大于 50 mm。

② Ⅰ类建筑基土的氡浓度应符合现行国家标准《民用建筑工程室内环境污染控制标准》（GB 50325—2020）的规定。

③ 基土应均匀密实，压实系数应符合设计要求，设计无要求时，压实系数不应小于 0.9。

<一般项目>

基土表面的允许偏差应符合表 6-2 的规定。

6.2.3　灰土垫层

（1）灰土垫层应采用熟化石灰与黏土（或粉质黏土、粉土）的拌合料铺设，其厚度不应小于 100 mm。

（2）熟化石灰粉可采用磨细生石灰，也可用粉煤灰代替。

（3）灰土垫层应铺设在不受地下水浸泡的基土上，施工后应有防止水浸泡的措施。

（4）灰土垫层应分层夯实，经湿润养护、晾干后方可进行下道工序施工。

（5）灰土垫层不宜在冬期施工。当必须在冬期施工时，应采取可靠措施。

（6）灰土垫层质量检验标准如下。

<主控项目>

灰土体积比应符合设计要求。

<一般项目>

① 熟化石灰颗粒粒径不应大于 5 mm；黏土（或粉质黏土、粉土）内不得含有有机物质，颗粒粒径不应大于 16 mm。

② 灰土垫层表面的允许偏差应符合表 6-2 的规定。

6.2.4　砂垫层和砂石垫层

（1）砂垫层厚度不应小于 60 mm；砂石垫层厚度不应小于 100 mm。

（2）砂石应选用天然级配材料。铺设时不应有粗细颗粒分离现象，压（夯）至不松动为止。

（3）砂垫层和砂石垫层质量检验标准如下。

＜主控项目＞

① 砂和砂石不应含有草根等有机杂质；砂应采用中砂；石子最大粒径不应大于垫层厚度的 2/3。

② 砂垫层和砂石垫层的干密度（或贯入度）应符合设计要求。

＜一般项目＞

① 砂垫层和砂石垫层表面不应有砂窝、石堆等现象。

② 砂垫层和砂石垫层表面的允许偏差应符合表 6－2 的规定。

6.2.5　碎石垫层和碎砖垫层

本小节内容作为知识拓展，放入二维码中，供有需要或感兴趣的学生自学使用。

碎石垫层和碎砖垫层

6.2.6　三合土垫层和四合土垫层

本小节内容作为知识拓展，放入二维码中，供有需要或感兴趣的学生自学使用。

三合土垫层和四合土垫层

6.2.7　炉渣垫层

本小节内容作为知识拓展，放入二维码中，供有需要或感兴趣的学生自学使用。

炉渣垫层

6.2.8　水泥混凝土垫层和陶粒混凝土垫层

本小节内容作为知识拓展，放入二维码中，供有需要或感兴趣的学生自学使用。

水泥混凝土垫层和陶粒混凝土垫层

6.2.9　找平层

（1）找平层宜采用水泥砂浆或水泥混凝土铺设。当找平层厚度小于 30 mm 时，宜用水泥砂浆做找平层；当找平层厚度不小于 30 mm 时，宜用细石混凝土做找平层。

（2）找平层铺设前，当其下一层有松散填充料时，应予以铺平振实。

（3）有防水要求的建筑地面工程，铺设前必须对立管、套管和地漏与楼板节点之间进行密封处理，并应进行隐蔽验收；排水坡度应符合设计要求。

（4）在预制钢筋混凝土板上铺设找平层前，板缝填嵌的施工应符合下列要求。

① 预制钢筋混凝土板相邻缝底宽不应小于 20 mm。

② 填嵌时，板缝内应清理干净，保持湿润。

③ 填缝应采用细石混凝土，其强度等级不应小于 C20。填缝高度应低于板面 10～20 mm，且振捣密实；填缝后应养护。当填缝混凝土的强度等级达到 C15 后方可继续施工。

④ 当板缝底宽大于 40 mm 时，应按设计要求配置钢筋。

（5）在预制钢筋混凝土板上铺设找平层时，其板端应按设计要求做防裂的构造措施。

（6）找平层质量检验标准如下。

＜主控项目＞

① 找平层采用碎石或卵石的粒径不应大于其厚度的 2/3，含泥量不应大于 2%；砂为中粗砂，其含泥量不应大于 3%。

② 水泥砂浆体积比、水泥混凝土强度等级应符合设计要求，且水泥砂浆体积比不应小于 1:3（或相应强度等级）；水泥混凝土强度等级不应小于 C15。

③ 有防水要求的建筑地面工程的立管、套管、地漏处不应渗漏，坡向应正确，无积水。

④ 在有防静电要求的整体面层的找平层施工前，其下敷设的导电地网系统应与接地引下线和地下接电体有可靠连接，经电性能检测且符合相关要求后进行隐蔽工程验收。

＜一般项目＞

① 找平层与其下一层结合应牢固，不应有空鼓。

② 找平层表面应密实，不应有起砂、蜂窝和裂缝等缺陷。

③ 找平层的表面允许偏差应符合表 6 - 2 的规定。

6.2.10　隔离层

（1）隔离层材料的防水、防油渗性能应符合设计要求。

（2）隔离层的铺设层数（或道数）、上翻高度应符合设计要求。有种植要求的地面隔离层的防根穿刺等应符合现行行业标准《种植屋面工程技术规程》（JGJ 155—2013）的有关规定。

（3）在水泥类找平层上铺设卷材类、涂料类防水、防油渗隔离层时，其表面应坚固、洁净、干燥，铺设前应涂刷基层处理剂。基层处理剂应采用与卷材性能相容的配套材料或采用与涂料性能相容的同类涂料的底子油。

（4）当采用掺有防渗外加剂的水泥类隔离层时，其配合比、强度等级、外加剂的复合掺量等应符合设计要求。

（5）铺设隔离层时，在管道穿过楼板面四周，防水、防油渗材料应向上铺涂，并超过套管的上口；在靠近柱、墙处，应高出面层200～300 mm或按设计要求的高度铺涂。阴阳角和管道穿过楼板面的根部应增加铺涂附加防水、防油渗隔离层。

（6）隔离层兼作面层时，其材料不得对人体及环境产生不利影响，并应符合现行国家标准《食品安全国家标准 食品安全性毒理学评价程序》（GB 15193.1—2014）和《生活饮用水卫生标准》（GB 5749—2006）的有关规定。

（7）防水隔离层铺设后，应按本书第6.1.1节第（22）条的规定进行蓄水检验，并做记录。

（8）隔离层施工质量检验还应符合现行国家标准《屋面工程质量验收规范》（GB 50207—2012）的有关规定。

（9）隔离层质量检验标准如下。

＜主控项目＞

① 隔离层材料应符合设计要求和国家现行有关标准的规定。

② 卷材类、涂料类隔离层材料进入施工现场，应对材料的主要物理性能指标进行复验。

③ 厕浴间和有防水要求的建筑地面必须设置防水隔离层。楼层结构必须采用现浇混凝土或整块预制混凝土板，混凝土强度等级不应小于C20；房间的楼板四周除门洞外应做混凝土翻边，高度不应小于200 mm，宽同墙厚，混凝土强度等级不应小于C20。施工时结构层标高和预留孔洞位置应准确，严禁乱凿洞。

④ 水泥类防水隔离层的防水等级和强度等级应符合设计要求。

⑤ 防水隔离层严禁渗漏，排水的坡向应正确，排水要通畅。

＜一般项目＞

① 隔离层厚度应符合设计要求。

② 隔离层与其下一层应粘结牢固，不应有空鼓；防水涂层应平整、均匀，无脱皮、起壳、裂缝、鼓泡等缺陷。

③ 隔离层表面的允许偏差应符合表6-2的规定。

6.2.11 填充层

（1）填充层材料的密度应符合设计要求。

（2）填充层的下一层表面应平整，当为水泥类时，尚应洁净、干燥，并不得有空鼓、裂缝和起砂等缺陷。

（3）采用松散材料铺设填充层时，应分层铺平拍实；采用板块状材料铺设填充层时，应分层错缝铺贴。

（4）有隔声要求的楼面，隔声垫在柱、墙面的上翻高度应超出楼面20 mm，且应收口于踢脚线内。地面上有竖向管道时，隔声垫应包裹管道四周，高度同卷向柱、墙面的高度。隔声垫保护膜之间应错缝搭接，搭接长度应大于100 mm，并用胶带等封闭。

（5）隔声垫上部应设置保护层，其构造做法应符合设计要求。当设计无要求时，混凝土保护层厚度不应小于30 mm，内配间距不大于200 mm×200 mm的Φ6钢筋网片。

（6）有隔声要求的建筑地面工程尚应符合现行国家标准《建筑隔声评价标准》（GB/T 50121—2005）、《民用建筑隔声设计规范》（GB 50118—2010）的有关要求。

（7）填充层质量检验标准如下。

＜主控项目＞

① 填充层材料应符合设计要求和国家现行有关标准的规定。

② 填充层的厚度、配合比应符合设计要求。

③ 对填充材料接缝有密闭要求的应密封良好。

＜一般项目＞

① 松散材料填充层铺设应密实；板块状材料填充层应压实、无翘曲。

② 填充层的坡度应符合设计要求，不应有倒泛水和积水现象。

③ 填充层表面的允许偏差应符合表6-2的规定。

④ 用于隔声的填充层，其表面允许偏差应符合表6-2中隔离层的规定。

6.2.12 绝热层

（1）绝热层材料的性能、品种、厚度、构造做法应符合设计要求和国家现行有关标准的规定。

（2）建筑物室内接触基土的首层地面应增设水泥混凝土垫层后方可铺设绝热层，垫层的厚度及强度等级应符合设计要求。首层地面及楼层楼板铺设绝热层前，表面平整度宜控制在3 mm以内。

（3）有防水、防潮要求的地面，宜在防水、防潮隔离层施工完毕并验收合格后再铺设绝热层。

（4）穿越地面进入非采暖保温区域的金属管道应采取隔断热桥的措施。

（5）绝热层与地面面层之间应设有水泥混凝土结合层，构造做法及强度等级应符合设计要求。设计无要求时，水泥混凝土结合层的厚度不应小于30 mm，层内应设置间距不大于200 mm×200 mm的Φ6钢筋网片。

（6）有地下室的建筑，地上、地下交界部位楼板的绝热层应采用外保温做法，绝热层表面应设有外保护层。外保护层应安全、耐候，表面应平整、无裂纹。

（7）建筑物勒脚处绝热层的铺设应符合设计要求。设计无要求时，应符合下列规定。

① 当地区冻土深度不大于 500 mm 时，应采用外保温做法。

② 当地区冻土深度大于 500 mm 且不大于 1 000 mm 时，宜采用内保温做法。

③ 当地区冻土深度大于 1 000 mm 时，应采用内保温做法。

④ 当建筑物的基础有防水要求时，宜采用内保温做法。

⑤ 采用外保温做法的绝热层，宜在建筑物主体结构完成后再施工。

（8）绝热层的材料不应采用松散型材料或抹灰浆料。

（9）绝热层施工质量检验尚应符合现行国家标准《建筑节能工程施工质量验收标准》（GB 50411—2019）的有关规定。

（10）绝热层质量检验标准如下。

＜主控项目＞

① 绝热层材料应符合设计要求和国家现行有关标准的规定。

② 绝热层材料进入施工现场时，应对材料的导热系数、表观密度、抗压强度或压缩强度、阻燃性进行复验。

③ 绝热层的板块材料应采用无缝铺贴法铺设，表面应平整。

＜一般项目＞

① 绝热层的厚度应符合设计要求，不应出现负偏差，表面应平整。

② 绝热层表面应无开裂。

③ 绝热层与地面面层之间的水泥混凝土结合层或水泥砂浆找平层，表面应平整，允许偏差应符合表 6 – 2 中找平层的规定。

任务 6.3　整体面层铺设

6.3.1　一般规定

整体面层是指水泥混凝土（含细石混凝土）面层、水泥砂浆面层、水磨石面层、硬化耐磨面层、防油渗面层、不发火（防爆）面层、自流平面层、涂料面层、塑胶面层、地面辐射供暖的整体面层等。

（1）铺设整体面层时，水泥类基层的抗压强度不得小于 1.2 MPa，表面应粗糙、洁净、湿润并不得有积水，铺设前宜凿毛或涂刷界面剂。硬化耐磨面层、自流平面层的基层处理应符合设计及产品的要求。

（2）铺设整体面层时，地面变形缝的位置应符合第 6.1.1 节第（15）条的规定；大面积水泥类面层应设置分格缝。

（3）整体面层施工后，养护时间不应少于 7 d；抗压强度应达到 5 MPa 后方准上人行走；抗压强度应达到设计要求后方可正常使用。

（4）当采用掺有水泥拌合料做踢脚线时，不得用石灰混合砂浆打底。

（5）水泥类整体面层的抹平工作应在水泥初凝前完成，压光工作应在水泥终凝前完成。

（6）整体面层的允许偏差和检验方法应符合表 6-3 的规定。

表 6-3　整体面层的允许偏差和检验方法

	序号	1	2	3
	检查项目	表面平整度	踢脚线上口平直	缝格顺直
允许偏差/mm	水泥混凝土面层	5	4	3
	水泥砂浆面层	4	4	3
	普通水磨石面层	3	3	3
	高级水磨石面层	2	3	2
	硬化耐磨面层	4	4	3
	防油渗混凝土和不发火（防爆）面层	5	4	3
	自流平面层	2	3	2
	涂料面层	2	3	2
	塑胶面层	2	3	2
检验方法		用 2 m 靠尺和楔形塞尺	拉 5 m 线和用钢尺检查	

6.3.2　水泥混凝土面层

（1）水泥混凝土面层厚度应符合设计要求。

（2）水泥混凝土面层铺设不得留施工缝，当施工间隙超过允许时间规定时，应对接槎处进行处理。

（3）水泥混凝土面层质量检验标准如下。

<主控项目>

① 水泥混凝土采用的粗骨料，最大粒径不应大于面层厚度的 2/3，细石混凝土面层采用的石子粒径不应大于 16 mm。

② 防水水泥混凝土中掺入的外加剂的技术性能应符合国家现行有关标准的规定，外加剂的品种和掺量应经试验确定。

③ 面层的强度等级应符合设计要求，且强度等级不应小于 C20。

④ 面层与下一层应结合牢固，且应无空鼓和开裂。当出现空鼓时，空鼓面积不应大于

$400\ cm^2$，且每自然间或标准间不应多于 2 处。

<一般项目>

① 面层表面应洁净，不应有裂纹、脱皮、麻面、起砂等缺陷。

② 面层表面的坡度应符合设计要求，不应有倒泛水和积水现象。

③ 踢脚线与柱、墙面应紧密结合，踢脚线高度和出柱、墙厚度应符合设计要求且均匀一致。当出现空鼓时，局部空鼓长度不应大于 300 mm，且每自然间或标准间不应多于 2 处。

④ 楼梯、台阶踏步的宽度、高度应符合设计要求。楼层梯段相邻踏步高度差不应大于 10 mm；每踏步两端宽度差不应大于 10 mm，旋转楼梯梯段的每踏步两端宽度的允许偏差不应大于 5 mm。踏步面层应做防滑处理，齿角应整齐，防滑条应顺直、牢固。

⑤ 水泥混凝土面层的允许偏差应符合表 6 – 3 的规定。

6.3.3　水泥砂浆面层

（1）水泥砂浆面层的厚度应符合设计要求。

（2）水泥砂浆面层质量检验标准如下。

<主控项目>

① 水泥宜采用硅酸盐水泥、普通硅酸盐水泥，不同品种、不同强度等级的水泥不应混用；砂应为中粗砂，当采用石屑时，其粒径应为 1 ~ 5 mm，且含泥量不应大于 3%；防水水泥砂浆采用的砂或石屑，其含泥量不应大于 1%。

② 防水水泥砂浆中掺入的外加剂的技术性能应符合国家现行有关标准的规定，外加剂的品种和掺量应经试验确定。

③ 水泥砂浆的体积比（强度等级）应符合设计要求，且体积比应为 1∶2，强度等级不应小于 M15。

④ 有排水要求的水泥砂浆地面，坡向应正确，排水要通畅；防水水泥砂浆面层不应渗漏。

⑤ 面层与下一层应结合牢固，且应无空鼓和开裂。当出现空鼓时，空鼓面积不应大于 $400\ cm^2$，且每自然间或标准间不应多于 2 处。

<一般项目>

① 面层表面的坡度应符合设计要求，不应有倒泛水和积水现象。

② 面层表面应洁净，不应有裂纹、脱皮、麻面、起砂等现象。

③ 踢脚线与柱、墙面应紧密结合，踢脚线高度及出柱、墙厚度应符合设计要求且均匀一致。当出现空鼓时，局部空鼓长度不应大于 300 mm，且每自然间或标准间不应多于 2 处。

④ 楼梯、台阶踏步的宽度、高度应符合设计要求。楼层梯段相邻踏步高度差不应大于 10 mm；每踏步两端宽度差不应大于 10 mm，旋转楼梯梯段的每踏步两端宽度的允许偏差不应大于 5 mm。踏步面层应做防滑处理，齿角应整齐，防滑条应顺直、牢固。

⑤ 水泥砂浆面层的允许偏差应符合表 6 – 3 的规定。

6.3.4 水磨石面层

（1）水磨石面层应采用水泥与石粒拌合料铺设，有防静电要求时，拌合料内应按设计要求掺入导电材料。面层厚度除有特殊要求外，宜为 12～18 mm，且宜按石粒粒径确定。水磨石面层的颜色和图案应符合设计要求。

（2）白色或浅色的水磨石面层应采用白水泥；深色的水磨石面层宜采用硅酸盐水泥、普通硅酸盐水泥或矿渣硅酸盐水泥；同颜色的面层应使用同一批水泥。同一彩色面层应使用同厂、同批的颜料；其掺入量宜为水泥重量的 3%～6% 或由试验确定。

（3）水磨石面层的结合层采用水泥砂浆时，强度等级应符合设计要求且不应小于 M10，稠度宜为 30～35 mm。

（4）防静电水磨石面层中采用导电金属分格条时，分格条应经绝缘处理，且十字交叉处不得碰接。

（5）普通水磨石面层磨光遍数不应少于 3 遍。高级水磨石面层的厚度和磨光遍数应由设计确定。

（6）水磨石面层磨光后，在涂草酸和上蜡前，其表面不得污染。

（7）防静电水磨石面层应在表面经清洁、干燥后，在表面均匀涂抹一层防静电剂和地板蜡，并应做抛光处理。

（8）水磨石面层质量检验标准如下。

< 主控项目 >

① 水磨石面层的石粒应采用白云石、大理石等岩石加工而成，石粒应洁净无杂物，其粒径除特殊要求外应为 6～16 mm；颜料应采用耐光、耐碱的矿物原料，不得使用酸性颜料。

② 水磨石面层拌合料的体积比应符合设计要求，且水泥与石粒的比例应为 1:1.5～1:2.5。

③ 防静电水磨石面层应在施工前及施工完成表面干燥后进行接地电阻和表面电阻检测，并应做好记录。

④ 面层与下一层结合应牢固，且应无空鼓、裂纹。当出现空鼓时，空鼓面积不应大于 400 cm^2，且每自然间或标准间不应多于 2 处。

< 一般项目 >

① 面层表面应光滑，且应无裂纹、砂眼和磨痕；石粒应密实，显露应均匀；颜色图案应一致，不混色；分格条应牢固、顺直和清晰。

② 踢脚线与柱、墙面应紧密结合，踢脚线高度及出柱、墙厚度应符合设计要求且均匀一致。当出现空鼓时，局部空鼓长度不应大于 300 mm，且每自然间或标准间不应多于 2 处。

③ 楼梯、台阶踏步的宽度、高度应符合设计要求。楼层梯段相邻踏步高度差不应大于 10 mm；每踏步两端宽度差不应大于 10 mm，旋转楼梯梯段的每踏步两端宽度的允许偏差不应大于 5 mm。踏步面层应做防滑处理，齿角应整齐，防滑条应顺直、牢固。

④ 水磨石面层的允许偏差应符合表 6－3 的规定。

6.3.5 硬化耐磨面层

本小节内容作为知识拓展，放入二维码中，供有需要或感兴趣的学生自学使用。

硬化耐磨面层

6.3.6 防油渗面层

本小节内容作为知识拓展，放入二维码中，供有需要或感兴趣的学生自学使用。

防油渗面层

6.3.7 不发火（防爆）面层

本小节内容作为知识拓展，放入二维码中，供有需要或感兴趣的学生自学使用。

不发火（防爆）面层

6.3.8 自流平面层

本小节内容作为知识拓展，放入二维码中，供有需要或感兴趣的学生自学使用。

自流平面层

6.3.9 涂料面层

本小节内容作为知识拓展，放入二维码中，供有需要或感兴趣的学生自学使用。

涂料面层

6.3.10 塑胶面层

本小节内容作为知识拓展，放入二维码中，供有需要或感兴趣的学生自学使用。

塑胶面层

地面辐射供暖的整体面层

6.3.11 地面辐射供暖的整体面层

本小节内容作为知识拓展，放入二维码中，供有需要或感兴趣的学生自学使用。

任务6.4 板块面层铺设

6.4.1 一般规定

板块面层是指砖面层、大理石和花岗石面层、预制板块面层、料石面层、塑料板面层、活动地板面层、金属板面层、地毯面层、地面辐射供暖的板块面层等。

（1）铺设板块面层时，其水泥类基层的抗压强度不得小于1.2 MPa。

（2）铺设板块面层的结合层和板块间的填缝采用水泥砂浆时，应符合下列规定。

① 配制水泥砂浆应采用硅酸盐水泥、普通硅酸盐水泥或矿渣硅酸盐水泥。

② 配制水泥砂浆的砂应符合现行行业标准《普通混凝土用砂、石质量及检验方法标准（附条文说明）》（JGJ 52—2006）的有关规定。

③ 水泥砂浆的体积比（或强度等级）应符合设计要求。

（3）结合层和板块面层填缝的胶结材料应符合国家现行有关标准的规定和设计要求。

（4）铺设水泥混凝土板块、水磨石板块、人造石板块、陶瓷锦砖、陶瓷地砖、缸砖、水泥花砖、料石、大理石、花岗石等面层的结合层和填缝材料采用水泥砂浆时，在面层铺设后，表面应覆盖、湿润，养护时间不应少于7 d。当板块面层的水泥砂浆结合层的抗压强度达到设计要求后，方可正常使用。

（5）大面积板块面层的伸缩缝及分格缝应符合设计要求。

（6）板块类踢脚线施工时，不得采用混合砂浆打底。

（7）板块面层的允许偏差和检验方法应符合表6-4的规定。

6.4.2 砖面层

砖面层可采用陶瓷锦砖、缸砖、陶瓷地砖和水泥花砖，应在结合层上铺设。

（1）在水泥砂浆结合层上铺贴缸砖、陶瓷地砖和水泥花砖面层时应符合下列规定。

① 在铺贴前，应对砖的规格尺寸、外观质量、色泽等进行预选；需要时对其浸水湿润晾干待用。

表 6 - 4　板块面层的允许偏差和检验方法

序号		1	2	3	4	5
检查项目		表面平整度	缝格顺直	接缝高低差	踢脚线上口平直	板块间隙宽度
允许偏差/mm	陶瓷锦砖面层、高级水磨石板、陶瓷地砖面层	2	3	0.5	3	2
	缸砖面层	4	3	1.5	4	2
	水泥花砖面层	3	3	0.5	—	2
	水磨石板块面层	3	3	1	4	2
	大理石面层、花岗岩面层、人造石面层、金属板面层	1	2	0.5	1	1
	塑料板面层	2	3	0.5	2	—
	水泥混凝土板块面层	4	3	1.5	4	6
	碎拼大理石、碎拼花岗岩面层	3	—	—	1	—
	活动地板面层	2	2.5	0.4	—	0.3
	条石面层	10	8	2	—	5
	块石面层	10	8	—	—	—
检验方法		用 2 m 靠尺和楔形塞尺检查	拉 5 m 线和用钢尺检查	用钢尺和楔形塞尺检查	拉 5 m 线和用钢尺检查	用钢尺检查

② 勾缝和压缝应采用同品种、同强度等级、同颜色的水泥，并做养护和保护。

（2）在水泥砂浆结合层上铺贴陶瓷锦砖面层时，砖底面应洁净，每联陶瓷锦砖之间、与结合层之间及在墙角、镶边和靠柱、墙处应紧密贴合。在靠柱、墙处不得采用砂浆填补。

（3）在胶结料结合层上铺贴缸砖面层时，缸砖应干净，铺贴应在胶结料凝结前完成。

（4）砖面层质量检验标准如下。

<主控项目>

① 砖面层所用板块产品应符合设计要求和国家现行有关标准的规定。

② 砖面层所用板块产品进入施工现场时，应有放射性限量合格的检测报告。

③ 面层与下一层的结合（粘结）应牢固，无空鼓（单块砖边角允许有局部空鼓，但每自然间或标准间的空鼓砖不应超过总数的 5%）。

<一般项目>

① 砖面层的表面应洁净、图案清晰，色泽应一致，接缝应平整，深浅应一致，周边应

顺直。板块应无裂纹、掉角和缺棱等缺陷。

② 面层邻接处的镶边用料及尺寸应符合设计要求，边角应整齐、光滑。

③ 踢脚线表面应洁净，与柱、墙面的结合应牢固。踢脚线高度及出柱、墙厚度应符合设计要求，且均匀一致。

④ 楼梯、台阶踏步的宽度、高度应符合设计要求。踏步板块的缝隙宽度应一致；楼层梯段相邻踏步高度差不应大于 10 mm；每踏步两端宽度差不应大于 10 mm，旋转楼梯梯段的每踏步两端宽度的允许偏差不应大于 5 mm。踏步面层应做防滑处理，齿角应整齐，防滑条应顺直、牢固。

⑤ 面层表面的坡度应符合设计要求，不倒泛水、无积水；与地漏、管道结合处应严密牢固，无渗漏。

⑥ 砖面层的允许偏差应符合表6-4的规定。

【典型案例6-2】

典型案例6-2解析

某在建高档住宅楼工程，项目经理巡查样板间时，地面瓷砖铺设施工人员正按照基层处理、放线、浸砖等工艺流程进行施工，项目经理检查了施工质量，强调后续工作要严格按照正确施工工艺作业，铺装完成28 d后，用专用勾缝剂勾缝，做到清晰、顺直，保证地面整体质量。

问：地面瓷砖面层施工工艺还有哪些内容？瓷砖勾缝还有哪些要求？

6.4.3 大理石和花岗石面层

大理石、花岗石面层采用天然大理石、花岗石（或碎拼大理石、碎拼花岗石）板材，应在结合层上铺设。

（1）板材有裂缝、掉角、翘曲和表面有缺陷时应予剔除，品种不同的板材不得混杂使用；在铺设前应根据石材的颜色、花纹、图案、纹理等按设计要求试拼并编号。

（2）在铺设大理石、花岗石面层前，板材应浸湿、晾干；结合层与板材应分段同时铺设。

（3）大理石、花岗石面层质量检验标准如下。

< 主控项目 >
① 大理石、花岗石面层所用板块产品应符合设计要求和国家现行有关标准的规定。

② 大理石、花岗石面层所用板块产品进入施工现场时，应有放射性限量合格的检测报告。

③ 面层与下一层应结合牢固，无空鼓（单块板块边角允许有局部空鼓，但每自然间或标准间的空鼓板块不应超过总数的5%）。

<一般项目>

① 大理石、花岗石面层在铺设前，板块的背面和侧面应进行防碱处理。

② 大理石、花岗石面层的表面应洁净、平整、无磨痕，且应图案清晰，色泽一致，接缝均匀，周边顺直，镶嵌正确，板块应无裂纹、掉角、缺棱等缺陷。

③ 踢脚线表面应洁净，与柱、墙面的结合应牢固。踢脚线高度及出柱、墙厚度应符合设计要求，且均匀一致。

④ 楼梯、台阶踏步的宽度、高度应符合设计要求。踏步板块的缝隙宽度应一致；楼层梯段相邻踏步高度差不应大于 10 mm；每踏步两端宽度差不应大于 10 mm，旋转楼梯梯段的每踏步两端宽度的允许偏差不应大于 5 mm。踏步面层应做防滑处理，齿角应整齐，防滑条应顺直、牢固。

⑤ 面层表面的坡度应符合设计要求，不倒泛水、无积水；与地漏、管道结合处应严密牢固，无渗漏。

⑥ 大理石面层和花岗石面层（或碎拼大理石面层、碎拼花岗石面层）的允许偏差应符合表 6 - 4 的规定。

6.4.4　预制板块面层

预制板块面层采用水泥混凝土板块、水磨石板块、人造石板块，应在结合层上铺设。

（1）在现场加工的预制板块应按任务 6.3 的有关规定执行。

（2）水泥混凝土板块面层的缝隙中，应采用水泥浆（或砂浆）填缝；彩色混凝土板块、水磨石板块、人造石板块应用同色水泥浆（或砂浆）擦缝。

（3）强度和品种不同的预制板块不宜混杂使用。

（4）板块间的缝隙宽度应符合设计要求。当设计无要求时，混凝土板块面层缝宽不宜大于 6 mm，水磨石板块、人造石板块间的缝宽不应大于 2 mm。预制板块面层铺完 24 h 后，应用水泥砂浆灌缝至 2/3 高度，再用同色水泥浆擦（勾）缝。

（5）预制板块面层质量检验标准如下。

<主控项目>

① 预制板块面层所用板块产品应符合设计要求和国家现行有关标准的规定。

② 预制板块面层所用板块产品进入施工现场时，应有放射性限量合格的检测报告。

③ 面层与下一层应粘合牢固、无空鼓（单块板块边角允许有局部空鼓，但每自然间或标准间的空鼓板块不应超过总数的 5%）。

<一般项目>

① 预制板块表面应无裂缝、掉角、翘曲等明显缺陷。

② 预制板块面层应平整洁净，图案清晰，色泽一致，接缝均匀，周边顺直，镶嵌正确。

③ 面层邻接处的镶边用料尺寸应符合设计要求，边角应整齐光滑。

④ 踢脚线表面应洁净，与柱、墙面的结合应牢固。踢脚线高度及出柱、墙厚度应符合设计要求，且均匀一致。

⑤ 楼梯、台阶踏步的宽度、高度应符合设计要求。踏步板块的缝隙宽度应一致；楼层梯段相邻踏步高度差不应大于 10 mm；每踏步两端宽度差不应大于 10 mm，旋转楼梯梯段的每踏步两端宽度的允许偏差不应大于 5 mm。踏步面层应做防滑处理，齿角应整齐，防滑条应顺直、牢固。

⑥ 水泥混凝土板块、水磨石板块、人造石板块面层的允许偏差应符合表 6-4 的规定。

6.4.5　料石面层

本小节内容作为知识拓展，放入二维码中，供有需要或感兴趣的学生自学使用。

料石面层

6.4.6　塑料板面层

本小节内容作为知识拓展，放入二维码中，供有需要或感兴趣的学生自学使用。

塑料板面层

6.4.7　活动地板面层

本小节内容作为知识拓展，放入二维码中，供有需要或感兴趣的学生自学使用。

活动地板面层

6.4.8　金属板面层

本小节内容作为知识拓展，放入二维码中，供有需要或感兴趣的学生自学使用。

金属板面层

6.4.9　地毯面层

地毯面层应采用地毯块材或卷材，以空铺法或实铺法铺设。

（1）铺设地毯的地面面层（或基层）应坚实、平整、洁净、干燥，无凹坑、麻面起砂、裂缝，并不得有油污、钉头及其他凸出物。

（2）地毯衬垫应满铺平整，地毯拼缝处不得露底衬。

（3）空铺地毯面层应符合下列要求。

① 块材地毯宜先拼成整块，然后按设计要求铺设。

② 块材地毯的铺设，块与块之间应挤紧服帖。

③ 卷材地毯宜先长向缝合，然后按设计要求铺设。

④ 地毯面层的周边应压入踢脚线下。

⑤ 地毯面层与不同类型的建筑地面面层的连接处，其收口做法应符合设计要求。

（4）实铺地毯面层应符合下列要求。

① 实铺地毯面层采用的金属卡条（倒刺板）、金属压条、专用双面胶带、胶粘剂等应符合设计要求。

② 铺设时，地毯的表面层宜张拉适度，四周应采用卡条固定；门口处宜用金属压条或双面胶带等固定。

③ 地毯周边应塞入卡条和踢脚线下。

④ 地毯面层采用胶粘剂或双面胶带粘结时，应与基层粘贴牢固。

（5）楼梯地毯面层铺设时，梯段顶级（头）地毯应固定于平台上，其宽度应不小于标准楼梯、台阶踏步尺寸；阴角处应固定牢固；梯段末级（头）地毯与水平段地毯的连接处应顺畅、牢固。

（6）地毯面层质量检验标准如下。

＜主控项目＞

① 地毯面层采用的材料应符合设计要求和国家现行有关标准的规定。

② 地毯面层采用的材料进入施工现场时，应有地毯、衬垫、胶粘剂中的挥发性有机化合物（Volatile Organic Compounds，VOC）和甲醛限量合格的检测报告。

③ 地毯表面应平服，拼缝处应粘贴牢固、严密平整、图案吻合。

＜一般项目＞

① 地毯表面不应起鼓起皱、翘边、卷边、显拼缝、露线和毛边，绒面毛应顺光一致，毯面应洁净、无污染和损伤。

② 地毯同其他面层连接处、收口处和墙边、柱子周围应顺直、压紧。

6.4.10　地面辐射供暖的板块面层

本小节内容作为知识拓展，放入二维码中，供有需要或感兴趣的学生自学使用。

地面辐射供暖的
板块面层

任务 6.5 木、竹面层铺设

6.5.1 一般规定

木、竹面层主要包括实木地板面层、实木集成地板面层、竹地板面层、实木复合地板面层、浸渍纸层压木质地板面层、软木类地板面层、地面辐射供暖的木板面层等（包括免刨、免漆类面层）。

（1）木、竹面层下的木搁栅、垫木、垫层地板等采用木材的树种、选材标准和铺设时木材含水率以及防腐、防蛀处理等，均应符合现行国家标准《木结构工程施工质量验收规范》（GB 50206—2016）的有关规定。所选用的材料应符合设计要求，进场时应对其断面尺寸、含水率等主要技术指标进行抽检，抽检数量应符合国家现行有关标准的规定。

（2）用于固定和加固的金属零部件应采用不锈蚀或经过防锈处理的金属件。

（3）与厕浴间、厨房等潮湿场所相邻的木、竹面层的连接处应做防水（防潮）处理。

（4）木、竹面层铺设在水泥类基层上，其基层表面应坚硬、平整、洁净、不起砂，表面含水率不应大于8%。

（5）建筑地面工程的木、竹面层搁栅下架空结构层（或构造层）的质量检验应符合国家相应现行标准的规定。

（6）木、竹面层的通风构造层包括室内通风沟、地面通风孔、室外通风窗等，均应符合设计要求。

（7）木、竹面层的允许偏差和检验方法应符合表6-5的规定。

表6-5 木、竹面层的允许偏差和检验方法

序号			1	2	3	4	5	6
检查项目			板块缝隙宽度	表面平整度	踢脚线上口平齐	板面拼缝平直	相邻板材高差	踢脚线与面层的接缝
允许偏差/mm	实木地板、实木集成地板、竹地板面层	松木地板	1.0	3.0	3.0	3.0	0.5	1.0
		硬木地板、竹地板	0.5	2.0	3.0	3.0	0.5	
		拼花地板	0.2	2.0	3.0	3.0	0.5	
	浸渍纸层压木质地板、实木复合地板、软木类地板面层		0.5	2.0	3.0	3.0	0.5	
检验方法			用钢尺检查	用2m靠尺和楔形塞尺检查	拉5m线和用钢尺检查		用钢尺和楔形塞尺检查	楔形塞尺检查

6.5.2 实木地板、实木集成地板、竹地板面层

实木地板、实木集成地板、竹地板面层应采用条材或块材或拼花，以空铺或实铺方式在基层上铺设。

（1）实木地板、实木集成地板、竹地板面层可采用双层面层和单层面层铺设，其厚度应符合设计要求；其选材应符合国家现行有关标准的规定。

（2）铺设实木地板、实木集成地板、竹地板面层时，其木搁栅的截面尺寸、间距和稳固方法等均应符合设计要求。木搁栅固定时，不得损坏基层和预埋管线。木搁栅应垫实钉牢，与柱、墙之间留出 20 mm 的缝隙，表面应平直，其间距不宜大于 300 mm。

（3）当面层下铺设垫层地板时，垫层地板的髓心应向上，板间缝隙不应大于 3 mm，与柱、墙之间应留 8～12 mm 的空隙，表面应刨平。

（4）实木地板、实木集成地板、竹地板面层铺设时，相邻板材接头位置应错开不小于 300 mm 的距离；与柱、墙之间应留 8～12 mm 的空隙。

（5）采用实木制作的踢脚线，背面应抽槽并做防腐处理。

（6）席纹实木地板面层、拼花实木地板面层的铺设应符合本节的有关要求。

（7）实木地板、实木集成地板、竹地板面层质量检验标准如下。

＜主控项目＞

① 实木地板、实木集成地板、竹地板面层采用的地板、铺设时的木（竹）材含水率、胶粘剂等应符合设计要求和国家现行有关标准的规定。

② 实木地板、实木集成地板、竹地板面层采用的材料进入施工现场时，应有以下有害物质限量合格的检测报告：地板中的游离甲醛（释放量或含量）；溶剂型胶粘剂中的挥发性有机化合物（VOC）、苯、甲苯＋二甲苯；水性胶粘剂中的挥发性有机化合物和游离甲醛。

③ 木搁栅、垫木和垫层地板等应做防腐、防蛀处理。

④ 木搁栅安装应牢固、平直。

⑤ 面层铺设应牢固；粘结应无空鼓、松动。

＜一般项目＞

① 实木地板、实木集成地板面层应刨平、磨光，无明显刨痕和毛刺等现象；图案应清晰、颜色应均匀一致。

② 竹地板面层的品种与规格应符合设计要求，板面应无翘曲。

③ 面层缝隙应严密；接头位置应错开，表面应平整、洁净。

④ 面层采用粘、钉工艺时，接缝应对齐，粘、钉应严密；缝隙宽度应均匀一致；表面应洁净，无溢胶现象。

⑤ 踢脚线应表面光滑，接缝严密，高度一致。

⑥ 实木地板、实木集成地板、竹地板面层的允许偏差应符合表 6 - 5 的规定。

6.5.3　实木复合地板面层

（1）实木复合地板面层采用的材料、铺设方式、铺设方法、厚度及垫层地板铺设等，均应符合第 6.5.2 节的规定。

（2）实木复合地板面层应采用空铺法或粘贴法（满粘法或点粘法）铺设。采用粘贴法铺设时，粘贴材料应按设计要求选用，并应具有耐老化、防水、防菌、无毒等性能。

（3）实木复合地板面层下衬垫的材料和厚度应符合设计要求。

（4）实木复合地板面层铺设时，相邻板材接头位置应错开不小于 300 mm 的距离；与柱、墙之间应留不小于 10 mm 的空隙。当面层采用无龙骨的空铺法铺设时，应在面层与柱、墙之间的空隙内加设金属弹簧卡或木楔子，其间距宜为 200 ~ 300 mm。

（5）大面积铺设实木复合地板面层时，应分段铺设，分段缝的处理应符合设计要求。

（6）实木复合地板面层质量检验标准如下。

＜主控项目＞

① 实木复合地板面层采用的地板、胶粘剂等应符合设计要求和国家现行有关标准的规定。

② 实木复合地板面层采用的材料进入施工现场时，应有以下有害物质限量合格的检测报告：地板中的游离甲醛（释放量或含量）；溶剂型胶粘剂中的挥发性有机化合物（VOC）、苯、甲苯 + 二甲苯；水性胶粘剂中的挥发性有机化合物和游离甲醛。

③ 木搁栅、垫木和垫层地板等应做防腐、防蛀处理。

④ 木搁栅安装应牢固、平直。

⑤ 面层铺设应牢固；粘贴应无空鼓、松动。

＜一般项目＞

① 实木复合地板面层图案和颜色应符合设计要求，图案应清晰，颜色应一致，板面应无翘曲。

② 面层缝隙应严密；接头位置应错开，表面应平整、洁净。

③ 面层采用粘、钉工艺时，接缝应对齐，粘、钉应严密；缝隙宽度应均匀一致；表面应洁净，无溢胶现象。

④ 踢脚线应表面光滑，接缝严密，高度一致。

⑤ 实木复合地板面层的允许偏差应符合表 6 - 5 的规定。

6.5.4 浸渍纸层压木质地板面层

本小节内容作为知识拓展，放入二维码中，供有需要或感兴趣的学生自学使用。

浸渍纸层压木质地板面层

6.5.5 软木类地板面层

本小节内容作为知识拓展，放入二维码中，供有需要或感兴趣的学生自学使用。

软木类地板面层

6.5.6 地面辐射供暖的木板面层

本小节内容作为知识拓展，放入二维码中，供有需要或感兴趣的学生自学使用。

地板辐射供暖的木板面层

任务6.6 建筑地面工程验收

（1）建筑地面工程施工质量中各类面层子分部工程的面层铺设与其相应的基层铺设的分项工程施工质量检验应全部合格。

（2）建筑地面工程子分部工程质量验收应检查下列工程质量文件和记录。

① 建筑地面工程设计图纸和变更文件等。

② 原材料的质量合格证明文件、重要材料或产品的进场抽样复验报告。

③ 各层的强度等级、密实度等的试验报告和测定记录。

④ 各类建筑地面工程施工质量控制文件。

⑤ 各构造层的隐蔽验收及其他有关验收文件。

（3）建筑地面工程子分部工程质量验收应检查下列安全和功能项目。

① 有防水要求的建筑地面子分部工程的分项工程施工质量的蓄水检验记录，并抽查复验。

② 建筑地面板块面层铺设子分部工程和木、竹面层铺设子分部工程采用的砖、天然石材、预制板块、地毯、人造板材以及胶粘剂、胶结料涂料等材料证明及环保资料。

（4）建筑地面工程子分部工程观感质量综合评价应检查下列项目。

① 变形缝、面层分格缝的位置和宽度及填缝质量应符合规定。

② 室内建筑地面工程按各子分部工程经抽查分别做出评价。

③ 楼梯、踏步等工程项目经抽查分别做出评价。

巩固练习

1. 简述建筑地面工程的施工质量控制要点。

2. 基层铺设包括哪些分项工程？其施工质量应符合的一般规定有哪些？

3. 整体面层包括哪些类型？其铺设施工质量应符合的一般规定有哪些？

4. 板块面层包括哪些类型？其铺设施工质量应符合的一般规定有哪些？

5. 木、竹面层包括哪些类型？其铺设施工质量应符合的一般规定有哪些？

6. 简述建筑地面子分部工程施工质量验收要求。

在线自测

项目6 在线自测

项目 7 PROJECT 7

屋面工程质量检验

项目概述

按照屋面的构造层次，屋面工程可划分为基层与保护、保温与隔热、防水与密封、瓦面与板面以及细部构造5个子分部工程，共30余个分项工程。屋面工程应遵循"材料是基础、设计是前提、施工是关键、管理是保证"的综合治理原则，积极采用新材料、新工艺、新技术，确保屋面防水、保温、隔热等使用功能和工程质量。

渗漏是屋面工程中的一个典型问题，在以往发生渗漏的屋面工程中，70%以上是节点渗漏，节点部位大多属于细部构造，细部构造的质量决定了屋面工程的防水质量。无论是施工员还是质量员，都应学习和发扬"敬业、精益、专注、创新"的工匠精神，严格按照相关技术规程和验收规范实施屋面工程施工，确保工程质量。此外，环境保护和建筑节能已经成为当前全社会不容忽视的问题，屋面工程的施工应符合国家和地方有关环境保护、建筑节能和防火安全等法律、法规的规定。在本项目中，我们将主要学习屋面工程的质量控制要点和检验标准。

学习目标

1. 了解屋面工程质量控制要点和材料使用要求。

175

2. 了解屋面工程子分部工程和分项工程的划分。

3. 熟悉屋面工程常见检验批、分项工程、分部（子分部）工程的施工质量要求和检验标准。

依托标准

《屋面工程质量验收规范》（GB 50207—2012）。

任务7.1 基本规定

7.1.1 质量控制要点

（1）屋面工程应根据建筑物的性质、重要程度、使用功能要求，按不同屋面防水等级进行设防。屋面防水等级和设防要求应符合现行国家标准《屋面工程技术规范》（GB 50345—2012）的有关规定。

（2）施工单位应取得建筑防水和保温工程相应等级的资质证书；作业人员应持证上岗。施工单位应建立、健全施工质量的检验制度，严格工序管理，做好隐蔽工程的质量检查和记录。

（3）屋面工程施工前应通过图纸会审，施工单位应掌握施工图中的细部构造及有关技术要求；施工单位应编制屋面工程专项施工方案，并应经监理单位或建设单位审查确认后执行。

（4）对屋面工程采用的新技术应按有关规定经过科技成果鉴定、评估或新产品、新技术鉴定。施工单位应对新的或首次采用的新技术进行工艺评价，并应制定相应技术质量标准。

（5）屋面工程所用的防水、保温材料应有产品合格证书和性能检测报告，材料的品种、规格、性能等必须符合国家现行产品标准和设计要求。产品质量应由经过省级以上建设行政主管部门对其资质认可和质量技术监督部门对其计量认证的质量检测单位进行检测。

（6）屋面工程施工时应建立各道工序的自检、交接检和专职人员检查的"三检"制度，并应有完整的检查记录。每道工序施工完成后，应经监理单位或建设单位检查验收，并应在合格后再进行下道工序的施工。

（7）当进行下道工序或相邻工程施工时，应对屋面已完成的部分采取保护措施。伸出屋面的管道、设备或预埋件等，应在保温层和防水层施工前安设完毕。屋面保温层和防水层完工后，不得进行凿孔、打洞或重物冲击等有损屋面的作业。

（8）屋面防水工程完工后，应进行观感质量检查和雨后观察或淋水、蓄水试验，不得有渗漏和积水现象。

7.1.2　材料使用质量要求

（1）防水、保温材料进场验收应符合下列规定。

① 应根据设计要求对材料的质量证明文件进行检查，并应经监理工程师或建设单位代表确认，纳入工程技术档案。

② 应对材料的品种、规格、包装、外观和尺寸等进行检查验收，并应经监理工程师或建设单位代表确认，形成相应验收记录。

③ 防水、保温材料进场检验项目及材料标准应符合《屋面工程质量验收规范》（GB 50207—2012）的规定。材料进场检验应执行见证取样送检制度，并应提出进场检验报告。

④ 进场检验报告的全部项目指标均达到技术标准规定应为合格；不合格材料不得在工程中使用。

（2）屋面工程使用的材料应符合国家现行有关标准对材料有害物质限量的规定，不得对周围环境造成污染。屋面工程各构造层的组成材料应分别与相邻层次的材料相容。

7.1.3　子分部工程和分项工程划分

屋面工程各子分部工程和分项工程的划分应符合表 7-1 的要求。

表 7-1　屋面工程各子分部工程和分项工程的划分

分部工程	子分部工程	分项工程
屋面工程	基层与保护	找坡层，找平层，隔汽层，隔离层，保护层
	保温与隔热	板状材料保温层，纤维材料保温层，喷涂硬泡聚氨酯保温层，现浇泡沫混凝土保温层，种植隔热层，架空隔热层，蓄水隔热层
	防水与密封	卷材防水层，涂膜防水层，复合防水层，接缝密封防水
	瓦面与板面	烧结瓦和混凝土瓦铺装，沥青瓦铺装，金属板铺装，玻璃采光顶铺装
	细部构造	檐口，檐沟和天沟，女儿墙和山墙，水落口，变形缝，伸出屋面管道，屋面出入口，反梁过水孔，设施基座，屋脊，屋顶窗

屋面工程各分项工程宜按屋面面积每 500 ~ 1 000 m² 划分为一个检验批，不足 500 m² 应按一个检验批；每个检验批的抽检数量应按《屋面工程质量验收规范》（GB 50207—2012）的规定执行。

任务 7.2 基层与保护工程

7.2.1 一般规定

（1）屋面混凝土结构层的施工应符合现行国家标准《混凝土结构工程施工质量验收规范》（GB 50204—2015）的有关规定。

（2）屋面找坡应满足设计排水坡度要求，结构找坡不应小于 3%，材料找坡宜为 2%；檐沟、天沟纵向找坡不应小于 1%，沟底水落差不得超过 200 mm。

（3）上人屋面或其他使用功能屋面，其保护及铺面的施工除应符合本项目的规定外，尚应符合现行国家标准《建筑地面工程施工质量验收规范》（GB 50209—2010）等有关规定。

（4）基层与保护工程各分项工程每个检验批的抽检数量，应按屋面面积每 100 m² 抽查一处，每处应为 10 m²，且不得少于 3 处。

7.2.2 找坡层和找平层

1. 工程质量要求

（1）装配式钢筋混凝土板的板缝嵌填施工，应符合下列要求。

① 嵌填混凝土时板缝内应清理干净，并应保持湿润。

② 当板缝宽度大于 40 mm 或上窄下宽时，板缝内应按设计要求配置钢筋。

③ 嵌填细石混凝土的强度等级不应低于 C20，嵌填深度宜低于板面 10～20 mm，且应振捣密实和浇水养护。

④ 板端缝应按设计要求增加防裂的构造措施。

（2）找坡层宜采用轻骨料混凝土；找坡材料应分层铺设和适当压实，表面应平整。

（3）找平层宜采用水泥砂浆或细石混凝土；找平层的抹平工序应在初凝前完成，压光工序应在终凝前完成，终凝后应进行养护。找平层分格缝纵横间距不宜大于 6 m，分格缝的宽度宜为 5～20 mm。

2. 检验批的质量检查与验收

找坡层和找平层分项工程检验批质量检验标准和方法见表 7-2。

表 7 – 2　找坡层和找平层分项工程检验批质量检验标准和方法

项目	序号	检查项目	检验标准	检验方法
主控项目	1	材料质量	找坡层和找平层所用材料的质量及配合比应符合设计要求	检查出厂合格证、质量检验报告和计量措施
	2	排水坡度	找坡层和找平层的排水坡度应符合设计要求	坡度尺检查
一般项目	1	表面质量	找平层应抹平、压光,不得有酥松、起砂、起皮现象	观察检查
	2	防水层的基层转角处及其与突出屋面结构的交接处	卷材防水层的基层与突出屋面结构的交接处,以及基层的转角处,找平层应做成圆弧形,且应整齐平顺	观察检查
	3	分格缝	找平层分格缝的宽度和间距均应符合设计要求	观察和尺量检查
	4	表面平整度允许偏差	找坡层表面平整度的允许偏差为 7 mm,找平层表面平整度的允许偏差为 5 mm	2 m 靠尺和塞尺检查

7.2.3　隔汽层

隔汽层是阻止室内水蒸气渗透到保温层内的构造层。

1. 工程质量要求

(1) 隔汽层的基层应平整、干净、干燥。隔汽层应设置在结构层与保温层之间;隔汽层应选用气密性、水密性好的材料。在屋面与墙的连接处,隔汽层应沿墙面向上连续铺设,高出保温层上表面不得小于 150 mm。

(2) 隔汽层采用卷材时宜空铺,卷材搭接缝应满粘,其搭接宽度不应小于 80 mm;隔汽层采用涂料时应涂刷均匀。

(3) 穿过隔汽层的管线周围应封严,转角处应无折损;隔汽层凡有缺陷或破损的部位均应进行返修。

2. 检验批的质量检查与验收

隔汽层分项工程检验批质量检验标准和方法见表 7 – 3。

表7-3　隔汽层分项工程检验批质量检验标准和方法

项目	序号	检查项目	检验标准	检验方法
主控项目	1	材料质量	隔汽层所用材料的质量应符合设计要求	检查出厂合格证、质量检验报告和进场检验报告
	2	整体性	隔汽层不得有破损现象	观察检查
一般项目	1	卷材隔汽层施工质量	卷材隔汽层应铺设平整，卷材搭接缝应粘结牢固，密封应严密，不得有扭曲、皱褶和起泡等缺陷	观察检查
	2	涂膜隔汽层施工质量	涂膜隔汽层应粘结牢固，表面平整，涂布均匀，不得有堆积、起泡和露底等缺陷	观察检查

7.2.4　隔离层

隔离层是消除相邻两种材料之间粘结力、机械咬合力、化学反应等不利影响的构造层。

1. 工程质量要求

块体材料、水泥砂浆或细石混凝土保护层与卷材、涂膜防水层之间应设置隔离层。隔离层可采用干铺塑料膜、土工布、卷材或铺抹低强度等级砂浆。

2. 检验批的质量检查与验收

隔离层分项工程检验批质量检验标准和方法见表7-4。

表7-4　隔离层分项工程检验批质量检验标准和方法

项目	序号	检查项目	检验标准	检验方法
主控项目	1	材料质量	隔离层所用材料的质量及配合比应符合设计要求	检查出厂合格证和计量措施
	2	整体性	隔离层不得有破损和漏铺现象	观察检查
一般项目	1	施工质量	塑料膜、土工布、卷材应铺设平整，其搭接宽度不应小于50 mm，不得有皱褶	观察和尺量检查
	2		低强度等级砂浆表面应压实、平整，不得有起壳、起砂现象	观察检查

7.2.5　保护层

保护层是对防水层或保温层起防护作用的构造层。

1. 工程质量要求

（1）防水层上的保护层施工，应待卷材铺贴完成或涂料固化成膜，并经检验合格后进行。用块体材料做保护层时宜设置分格缝，分格缝纵横间距不应大于 10 m，分格缝宽度宜为 20 mm。

（2）用水泥砂浆做保护层时，表面应抹平压光，并应设表面分格缝，分格面积宜为 1 m²。用细石混凝土做保护层时，混凝土应振捣密实，表面应抹平压光，分格缝纵横间距不应大于 6 m。分格缝的宽度宜为 10~20 mm。

（3）块体材料、水泥砂浆或细石混凝土保护层与女儿墙和山墙之间，应预留宽度为 30 mm 的缝隙，缝内宜填塞聚苯乙烯泡沫塑料，并应用密封材料嵌填密实。

2. 检验批的质量检查与验收

保护层分项工程检验批质量检验标准和方法见表 7-5。

表 7-5　保护层分项工程检验批质量检验标准和方法

项目	序号	检查项目	检验标准	检验方法
主控项目	1	材料质量	保护层所用材料的质量及配合比应符合设计要求	检查出厂合格证、质量检验报告和计量措施
	2	材料强度	块体材料、水泥砂浆或细石混凝土保护层的强度等级应符合设计要求	检查块体材料、水泥砂浆或混凝土抗压强度试验报告
	3	排水坡度	保护层的排水坡度应符合设计要求	坡度尺检查
一般项目	1	块体材料保护层	块体材料保护层表面应干净，接缝应平整，周边应顺直，镶嵌应正确，应无空鼓现象	小锤轻击观察检查
	2	水泥砂浆、细石混凝土保护层	水泥砂浆、细石混凝土保护层不得有裂纹、脱皮、麻面和起砂等现象	观察检查
	3	浅色涂料保护层	浅色涂料应与防水层粘结牢固，厚薄应均匀，不得漏涂	观察检查
		保护层的允许偏差	保护层的允许偏差和检验方法应符合表 7-6 的规定	

表 7 − 6　保护层的允许偏差和检验方法

检查项目	允许偏差/mm			检验方法
	块体材料	水泥砂浆	细石混凝土	
表面平整度	4.0	4.0	5.0	2 m 靠尺和塞尺检查
缝格平直	3.0	3.0	3.0	拉线和尺量检查
接缝高低差	1.5	—	—	直尺和塞尺检查
板块间隙宽度	2.0	—	—	尺量检查
保护层厚度	设计厚度的 10% ，且不得大于 5 mm			钢针插入和尺量检查

任务 7.3　保温与隔热工程

保温层是减少屋面热交换作用的构造层，隔热层是减少太阳辐射热向室内传递的构造层。依据国内屋面保温与隔热工程的现状，保温层可分为板状材料保温层、纤维材料保温层和整体材料保温层三种类型，隔热层可分为种植隔热层、架空隔热层和蓄水隔热层三种形式。

7.3.1　一般规定

（1）铺设保温层的基层应平整、干燥和干净。保温材料在施工过程中应采取防潮、防水和防火等措施。保温与隔热工程的构造及材料选用应符合设计要求。保温材料使用时的含水率应相当于该材料在当地自然风干状态下的平衡含水率。

（2）保温材料的导热系数、表观密度或干密度、抗压强度或压缩强度及燃烧性能必须符合设计要求。保温与隔热工程质量验收尚应符合现行国家标准《建筑节能工程施工质量验收标准》（GB 50411—2019）的有关规定。

（3）种植隔热层、架空隔热层、蓄水隔热层在施工前，防水层均应验收合格。

（4）保温与隔热工程各分项工程每个检验批的抽检数量应按屋面面积每 100 m² 抽查 1 处，每处应为 10 m²，且不得少于 3 处。

7.3.2　板状材料保温层

1. 工程质量要求

板状材料保温层主要有三种施工方法，分别是干铺法、粘贴法和机械固定法，其具体的施工质量要求如下。

（1）采用干铺法施工时，板状保温材料应紧靠在基层表面上，应铺平垫稳；分层铺设的板块上下层接缝应相互错开，板间缝隙应采用同类材料的碎屑嵌填密实。

（2）采用粘贴法施工时，胶粘剂应与保温材料的材性相容，并应贴严、粘牢；板状材料保温层的平面接缝应挤紧拼严，不得在板块侧面涂抹胶粘剂，超过 2 mm 的缝隙应采用相同材料板条或片填塞严实。

（3）采用机械固定法施工时，应选择专用螺钉和垫片；固定件与结构层之间应连接牢固。

2. 检验批的质量检查与验收

板状材料保温层分项工程检验批质量检验标准和方法见表 7 – 7。

表 7 – 7　板状材料保温层分项工程检验批质量检验标准和方法

项目	序号	检查项目	检验标准	检验方法
主控项目	1	材料质量	板状保温材料的质量应符合设计要求	检查出厂合格证、质量检验报告和进场检验报告
	2	保温层厚度	板状材料保温层的厚度应符合设计要求，其正偏差应不限，负偏差应为 5%，且不得大于 4 mm	钢针插入和尺量检查
	3	热桥部位处理	屋面热桥部位处理应符合设计要求	观察检查
一般项目	1	保温材料铺设	板状保温材料铺设应紧贴基层，应铺平垫稳，拼缝应严密，粘贴应牢固	观察检查
	2	固定件、垫片安装	固定件的规格、数量和位置均应符合设计要求；垫片应与保温层表面齐平	观察检查
	3	表面平整度	板状材料保温层表面平整度的允许偏差为 5 mm	2 m 靠尺和塞尺检查
	4	接缝高低差	板状材料保温层接缝高低差的允许偏差为 2 mm	直尺和塞尺检查

7.3.3　纤维材料保温层

1. 工程质量要求

（1）纤维材料保温层施工应符合下列规定。

① 纤维保温材料应紧靠在基层表面上，平面接缝应挤紧拼严，上下层接缝应相互错开。

② 屋面坡度较大时，宜采用金属或塑料专用固定件将纤维保温材料与基层固定。

③ 纤维材料填充后，不得上人踩踏。

（2）装配式骨架纤维保温材料施工时，应先在基层上铺设保温龙骨或金属龙骨，龙骨之间应填充纤维保温材料，再在龙骨上铺钉水泥纤维板。金属龙骨和固定件应经防锈处理，金属龙骨与基层之间应采取隔热断桥措施。

2. 检验批的质量检查与验收

纤维材料保温层分项工程检验批质量检验标准和方法见表7-8。

表7-8 纤维材料保温层分项工程检验批质量检验标准和方法

项目	序号	检查项目	检验标准	检验方法
主控项目	1	材料质量	纤维保温材料的质量应符合设计要求	检查出厂合格证、质量检验报告和进场检验报告
	2	保温层厚度	纤维材料保温层的厚度应符合设计要求，其正偏差应不限，毡不得有负偏差，板负偏差应为4%，且不得大于3 mm	钢针插入和尺量检查
	3	热桥部位处理	屋面热桥部位处理应符合设计要求	观察检查
一般项目	1	保温材料铺设	纤维保温材料铺设应紧贴基层，拼缝应严密，表面应平整	观察检查
	2	固定件、垫片安装	固定件的规格、数量和位置应符合设计要求；垫片应与保温层表面齐平	观察检查
	3	骨架和水泥纤维板铺钉	装配式骨架和水泥纤维板应铺钉牢固，表面应平整；龙骨间距和板材厚度应符合设计要求	观察和尺量检查
	4	抗水蒸气渗透外覆面	具有抗水蒸气渗透外覆面的玻璃棉制品，其外覆面应朝向室内，拼缝应用防水密封胶带封严	观察检查

喷涂硬泡聚氨酯保温层

7.3.4 喷涂硬泡聚氨酯保温层

本小节内容作为知识拓展，放入二维码中，供有需要或感兴趣的学生自学使用。

7.3.5　现浇泡沫混凝土保温层

本小节内容作为知识拓展，放入二维码中，供有需要或感兴趣的学生自学使用。

现浇泡沫混凝土保温层

7.3.6　种植隔热层

1. 工程质量要求

（1）种植隔热层与防水层之间宜设细石混凝土保护层。

（2）种植隔热层的屋面坡度大于 20% 时，其排水层、种植土层应采取防滑措施。

（3）排水层施工应符合下列要求。

① 陶粒的粒径不应小于 25 mm，大粒径应在下，小粒径应在上。

② 凹凸形排水板宜采用搭接法施工，网状交织排水板宜采用对接法施工。

③ 排水层上应铺设过滤层土工布。

④ 挡墙或挡板的下部应设泄水孔，孔周围应放置疏水粗细骨料。

（4）过滤层土工布应沿种植土周边向上铺设至种植土高度，并应与挡墙或挡板粘牢；土工布的搭接宽度不应小于 100 mm，接缝宜采用粘合或缝合。

（5）种植土的厚度及自重应符合设计要求。种植土表面应低于挡墙高度 100 mm。

2. 检验批的质量检查与验收

种植隔热层分项工程检验批质量检验标准和方法见表 7 – 9。

表 7 – 9　种植隔热层分项工程检验批质量检验标准和方法

项目	序号	检查项目	检验标准	检验方法
主控项目	1	材料质量	种植隔热层所用材料的质量应符合设计要求	检查出厂合格证和质量检验报告
	2	排水	排水层应与排水系统连通	观察检查
	3	泄水孔留设	挡墙或挡板泄水孔的留设应符合设计要求并不得堵塞	观察和尺量检查
一般项目	1	隔热材料铺设	陶粒应铺设平整、均匀，厚度应符合设计要求	观察和尺量检查
	2	排水板	排水板应铺设平整，接缝方法应符合国家现行有关标准的规定	观察和尺量检查

项目	序号	检查项目	检验标准	检验方法
一般项目	3	过滤层	过滤层土工布应铺设平整、接缝严密，其搭接宽度的允许偏差为 −10 mm	观察和尺量检查
	4	种植土厚度	种植土应铺设平整、均匀，其厚度的允许偏差为 ±5%，且不得大于 30 mm	尺量检查

7.3.7　架空隔热层

1. 工程质量要求

（1）架空隔热层的高度应按屋面宽度或坡度大小确定。设计无要求时，架空隔热层的高度宜为 180～300 mm。

（2）当屋面宽度大于 10 m 时，应在屋面中部设置通风屋脊，通风口处应设置通风箅子。

（3）架空隔热制品支座底面的卷材、涂膜防水层应采取加强措施。

（4）架空隔热制品的质量应符合下列要求。

① 非上人屋面的砌块强度等级不应低于 MU7.5；上人屋面的砌块强度等级不应低于 MU10。

② 混凝土板的强度等级不应低于 C20，板厚及配筋应符合设计要求。

2. 检验批的质量检查与验收

架空隔热层分项工程检验批质量检验标准和方法见表 7−10。

表 7−10　架空隔热层分项工程检验批质量检验标准和方法

项目	序号	检查项目	检验标准	检验方法
主控项目	1	材料质量	架空隔热制品的质量应符合设计要求	检查材料或构件合格证和质量检验报告
	2	铺设施工	架空隔热制品的铺设应平整、稳固，缝隙勾填应密实	观察检查
一般项目	1	距墙面距离	架空隔热制品距山墙或女儿墙不得小于 250 mm	观察和尺量检查
	2	架空隔热层做法	架空隔热层的高度及通风屋脊、变形缝做法应符合设计要求	观察和尺量检查
	3	接缝高低差	架空隔热制品接缝高低差的允许偏差为 3 mm	直尺和塞尺检查

7.3.8　蓄水隔热层

1. 工程质量要求

（1）蓄水隔热层与屋面防水层之间应设隔离层。

（2）蓄水池的所有孔洞应预留，不得后凿；所设置的给水管、排水管和溢水管等均应在蓄水池混凝土施工前安装完毕。

（3）每个蓄水区的防水混凝土应一次性浇筑完毕，不得留施工缝。

（4）防水混凝土应用机械振捣密实，表面应抹平和压光，初凝后应覆盖养护，终凝后浇水养护不得少于 14 d；蓄水后不得断水。

2. 检验批的质量检查与验收

蓄水隔热层分项工程检验批质量检验标准和方法见表 7 - 11。

表 7 - 11　蓄水隔热层分项工程检验批质量检验标准和方法

项目	序号	检查项目	检验标准	检验方法
主控项目	1	材料质量	防水混凝土所用材料的质量及配合比应符合设计要求	检查出厂合格证、质量检验报告、进场检验报告和计量措施
	2	混凝土质量	防水混凝土的抗压强度和抗渗性能应符合设计要求	检查混凝土抗压和抗渗试验报告
	3	蓄水功能	蓄水池不得有渗漏现象	蓄水至规定高度观察检查
一般项目	1	外观质量	防水混凝土表面应密实、平整，不得有蜂窝、麻面、露筋等缺陷	观察检查
	2	表面裂缝宽度	防水混凝土表面的裂缝宽度不应大于 0.2 mm，并不得贯通	刻度放大镜检查
	3	进排水管道	蓄水池上所留设的溢水口、过水孔、排水管、溢水管等，其位置、标高和尺寸均应符合设计要求	观察和尺量检查
	4	允许偏差	蓄水池结构的允许偏差和检验方法应符合表 7 - 12 的规定	

表7-12　蓄水池结构的允许偏差和检验方法

检查项目	允许偏差/mm	检验方法
长度、宽度	+15，-10	尺量检查
厚度	±5	
表面平整度	5	2 m靠尺和塞尺检查
排水坡度	符合设计要求	坡度尺检查

任务7.4　防水与密封工程

7.4.1　一般规定

（1）防水层施工前，基层应坚实、平整、干净、干燥。基层处理剂应配比准确，并应搅拌均匀；喷涂或涂刷基层处理剂应均匀一致，待其干燥后应及时进行卷材、涂膜防水层和接缝密封防水施工。防水层完工并经验收合格后，应及时做好成品保护。

（2）防水与密封工程各分项工程每个检验批的抽检数量，防水层应按屋面面积每100 m²抽查一处，每处应为10 m²，且不得少于3处；接缝密封防水应按每50 m抽查一处，每处应为5 m，且不得少于3处。

7.4.2　卷材防水层

1. 工程质量要求

（1）当屋面坡度大于25%时，卷材应采取满粘和钉压的固定措施。卷材宜平行屋脊铺贴，上下层卷材不得相互垂直铺贴。

（2）卷材搭接缝应符合下列规定。

① 平行屋脊的卷材搭接缝应顺流水方向，卷材搭接宽度应符合表7-13的规定。

② 相邻两幅卷材短边搭接缝应错开，且不得小于500 m。

③ 上下层卷材长边搭接缝应错开，且不得小于幅宽的1/3。

（3）冷粘法铺贴卷材应符合下列规定。

① 胶粘剂涂刷应均匀，不应露底，不应堆积。

② 应控制胶粘剂涂刷与卷材铺贴的间隔时间。

③ 卷材下面的空气应排尽，并应辊压粘贴牢固。

表 7 – 13　卷材搭接宽度　　　　　　　　　　　　　　单位：mm

卷材类别		搭接宽度
合成高分子防水卷材	胶粘剂	80
	胶粘带	50
	单缝焊	60，有效焊接宽度不小于 25
	双缝焊	80，有效焊接宽度 10 × 2 + 空腔宽
高聚物改性沥青防水卷材	胶粘剂	100
	自粘	80

④ 卷材铺贴应平整顺直，搭接尺寸应准确，不得扭曲、皱褶。

⑤ 接缝口应用密封材料封严，宽度不应小于 10 mm。

（4）热粘法铺贴卷材应符合下列规定。

① 熔化热熔型改性沥青胶结料时，宜采用专用导热油炉加热，加热温度不应高于 200 ℃，使用温度不宜低于 180 ℃。

② 粘贴卷材的热熔型改性沥青胶结料厚度宜为 1.0 ~ 1.5 mm。

③ 采用热熔型改性沥青胶结料粘贴卷材时，应随刮随铺，并应展平压实。

（5）热熔法铺贴卷材应符合下列规定。

① 火焰加热器加热卷材应均匀，不得加热不足或烧穿卷材。

② 卷材表面热熔后应立即滚铺，卷材下面的空气应排尽，并应辊压粘贴牢固。

③ 卷材接缝部位应溢出热熔的改性沥青胶，溢出的改性沥青胶宽度宜为 8 mm。

④ 铺贴的卷材应平整顺直，搭接尺寸应准确，不得扭曲、皱褶。

⑤ 厚度小于 3 mm 的高聚物改性沥青防水卷材，严禁采用热熔法施工。

（6）自粘法铺贴卷材应符合下列规定。

① 铺贴卷材时，应将自粘胶底面的隔离纸全部撕净。

② 卷材下面的空气应排尽，并应辊压粘贴牢固。

③ 铺贴的卷材应平整顺直，搭接尺寸应准确，不得扭曲、皱褶。

④ 接缝口应用密封材料封严，宽度不应小于 10 mm。

⑤ 低温施工时，接缝部位宜采用热风加热，并应随即粘贴牢固。

（7）焊接法铺贴卷材应符合下列规定。

① 焊接前卷材应铺设平整、顺直，搭接尺寸应准确，不得扭曲、皱褶。

② 卷材焊接缝的结合面应干净、干燥，不得有水滴、油污及附着物。

③ 焊接时应先焊长边搭接缝，后焊短边搭接缝。

④ 控制加热温度和时间，焊接缝不得有漏焊、跳焊、焊焦或焊接不牢现象。

⑤ 焊接时不得损害非焊接部位的卷材。

（8）机械固定法铺贴卷材应符合下列规定。

① 卷材应采用专用固定件进行机械固定。

② 固定件应设置在卷材搭接缝内，外露固定件应用卷材封严。

③ 固定件应垂直钉入结构层有效固定，固定件数量和位置应符合设计要求。

④ 卷材搭接缝应粘结或焊接牢固，密封应严密。

⑤ 卷材周边800 mm范围内应满粘。

2. 检验批的质量检查与验收

卷材防水层分项工程检验批质量检验标准和方法见表7-14。

表7-14 卷材防水层分项工程检验批质量检验标准和方法

项目	序号	检查项目	检验标准	检验方法
主控项目	1	材料质量	防水卷材及其配套材料的质量应符合设计要求	检查出厂合格证、质量检验报告和进场检验报告
	2	防水层质量	卷材防水层不得有渗漏和积水现象	雨后观察或淋水、蓄水试验
	3	细部构造	卷材防水层在檐口、檐沟、天沟、水落口、泛水、变形缝和伸出屋面管道的防水构造应符合设计要求	观察检查
一般项目	1	搭接缝	卷材的搭接缝应粘结或焊接牢固，密封应严密，不得扭曲、皱褶和翘边	观察检查
	2	防水层的收头	卷材防水层的收头应与基层粘结，钉压应牢固，密封应严密	观察检查
	3	铺设施工质量	卷材防水层的铺贴方向应正确，卷材搭接宽度的允许偏差为-10 mm	观察和尺量检查
	4	屋面排汽构造	屋面排汽构造的排汽道应纵横贯通，不得堵塞；排汽管应安装牢固，位置应正确，封闭应严密	观察检查

典型案例7-1解析

【典型案例7-1】

某新建住宅工程，屋面防水层选用2 mm厚的改性沥青防水卷材，铺贴按照平行于屋脊、上下层不得相互垂直等要求，采用热粘法施工。

问：屋面防水卷材铺贴方法还有哪些？屋面防水卷材铺贴顺序和方向还有哪些要求？

7.4.3 涂膜防水层

1. 工程质量要求

（1）防水涂料应多遍涂布，并应待前一遍涂布的涂料干燥成膜后再涂布后一遍涂料，且前后两遍涂料的涂布方向应相互垂直。

（2）铺设胎体增强材料应符合下列规定。

① 胎体增强材料宜采用聚酯无纺布或化纤无纺布。

② 胎体增强材料长边搭接宽度不应小于 50 mm，短边搭接宽度不应小于 70 mm。

③ 上下层胎体增强材料的长边搭接缝应错开，且不得小于幅宽的 1/3。

④ 上下层胎体增强材料不得相互垂直铺设。

（3）多组分防水涂料应按配合比准确计量，搅拌应均匀，并应根据有效时间确定每次配制的数量。

2. 检验批的质量检查与验收

涂膜防水层分项工程检验批质量检验标准和方法见表 7 – 15。

表 7 – 15　涂膜防水层分项工程检验批质量检验标准和方法

项目	序号	检查项目	检验标准	检验方法
主控项目	1	材料质量	防水涂料和胎体增强材料的质量应符合设计要求	检查出厂合格证、质量检验报告和进场检验报告
	2	防水层质量	涂膜防水层不得有渗漏和积水现象	雨后观察或淋水、蓄水试验
	3	细部构造	涂膜防水层在檐口、檐沟、天沟、水落口、泛水、变形缝和伸出屋面管道的防水构造应符合设计要求	观察检查
	4	防水层厚度	涂膜防水层的平均厚度应符合设计要求，且最小厚度不得小于设计厚度的80%	针测法或取样量测
一般项目	1	防水层与基层的粘结	涂膜防水层与基层应粘结牢固，表面应平整涂布，应均匀，不得有流淌、皱褶、起泡和露胎体等缺陷	观察检查
	2	防水层的收头	涂膜防水层的收头应用防水涂料多遍涂刷	观察检查
	3	胎体增强材料铺贴	铺贴胎体增强材料应平整顺直，搭接尺寸应准确，应排除气泡，并应与涂料粘结牢固；胎体增强材料搭接宽度的允许偏差为 – 10 mm	观察和尺量检查

7.4.4　复合防水层

本小节内容作为知识拓展，放入二维码中，供有需要或感兴趣的学生自学使用。

7.4.5　接缝密封防水

本小节内容作为知识拓展，放入二维码中，供有需要或感兴趣的学生自学使用。

任务7.5　瓦面与板面工程

瓦面层是指在屋顶最外面铺盖块瓦或沥青瓦，具有防水和装饰功能的构造层。板面层是指在屋顶最外面铺盖金属板或玻璃板，具有防水和装饰功能的构造层。

7.5.1　一般规定

（1）瓦面与板面工程施工前，应对主体结构进行质量验收，并应符合现行国家标准《混凝土结构工程施工质量验收规范》（GB 50204—2015）、《钢结构工程施工质量验收标准》（GB 50205—2020）和《木结构工程施工质量验收规范》（GB 50206—2012）的有关规定。

（2）木质望板、檩条、顺水条、挂瓦条等构件均应做防腐、防蛀和防火处理；金属顺水条、挂瓦条及金属板、固定件均应做防锈处理。

（3）瓦材或板材与山墙及突出屋面结构的交接处均应做泛水处理。在瓦材的下面应铺设防水层或防水垫层，其品种、厚度和搭接宽度均应符合设计要求。

（4）在大风及地震设防地区或屋面坡度大于100%时，瓦材应采取固定加强措施。严寒和寒冷地区的檐口部位应采取防雪融冰坠的安全措施。

（5）瓦面与板面工程各分项工程每个检验批的抽检数量应按屋面面积每100 m^2 抽查一处，每处应为10 m^2，且不得少于3处。

7.5.2　烧结瓦和混凝土瓦铺装

1. 工程质量要求

（1）平瓦和脊瓦应边缘整齐，表面光洁，不得有分层、裂纹和露砂等缺陷；平瓦的瓦爪与瓦槽的尺寸应配合。

（2）基层、顺水条、挂瓦条的铺设应符合下列规定。

① 基层应平整、干净、干燥；持钉层厚度应符合设计要求。

② 顺水条应垂直正脊方向铺钉在基层上，顺水条表面应平整，其间距不宜大于500 mm。

③ 挂瓦条的间距应根据瓦片尺寸和屋面坡长经计算确定。

④ 挂瓦条应铺钉平整、牢固，上棱应成一直线。

（3）挂瓦应符合下列规定。

① 挂瓦应从两坡的檐口同时对称进行。瓦后爪应与挂瓦条挂牢，并应与邻边、下面两瓦落槽密合。

② 檐口瓦、斜天沟瓦应用镀锌铁丝拴牢在挂瓦条上，每片瓦均应与挂瓦条固定牢固。

③ 整坡瓦面应平整，行列应横平竖直，不得有翘角和张口现象。

④ 正脊和斜脊应铺平挂直，脊瓦搭盖应顺主导风向和流水方向。

（4）烧结瓦和混凝土瓦铺装的有关尺寸应符合下列规定。

① 瓦屋面檐口挑出墙面的长度不宜小于 300 mm。

② 脊瓦在两坡面瓦上的搭盖宽度，每边不应小于 40 mm。

③ 脊瓦下端距坡面瓦的高度不宜大于 80 mm。

④ 瓦头伸入檐沟、天沟内的长度宜为 50～70 mm。

⑤ 金属檐沟、天沟伸入瓦内的宽度不应小于 150 mm。

⑥ 瓦头挑出檐口的长度宜为 50～70 mm。

⑦ 突出屋面结构的侧面瓦伸入泛水的宽度不应小于 50 mm。

2. 检验批的质量检查与验收

烧结瓦和混凝土瓦铺装分项工程检验批质量检验标准和方法见表 7-16。

7.5.3　沥青瓦铺装

本小节内容作为知识拓展，放入二维码中，供有需要或感兴趣的学生自学使用。

沥青瓦铺装

表7-16 烧结瓦和混凝土瓦铺装分项工程检验批质量检验标准和方法

项目	序号	检查项目	检验标准	检验方法
主控项目	1	材料质量	瓦材及防水垫层的质量应符合设计要求	检查出厂合格证、质量检验报告和进场检验报告
	2	防水质量	烧结瓦、混凝土瓦屋面不得有渗漏现象	雨后观察或淋水试验
	3	铺装加固	瓦片必须铺置牢固。在大风及地震设防地区或屋面坡度大于100%时，应按设计要求采取固定加强措施	观察或手扳检查
一般项目	1	挂瓦条、瓦面、檐口施工质量	挂瓦条应分档均匀，铺钉应平整、牢固；瓦面应平整，行列应整齐，搭接应紧密，檐口应平直	观察检查
	2	脊瓦施工质量	脊瓦应搭盖正确，间距应均匀，封固应严密；正脊和斜脊应顺直，应无起伏现象	观察检查
	3	泛水施工质量	泛水做法应符合设计要求，并应顺直整齐、结合严密	观察检查
	4	铺装尺寸	烧结瓦和混凝土瓦铺装的有关尺寸应符合设计要求	尺量检查

7.5.4 金属板铺装

1. 工程质量要求

（1）金属板应边缘整齐，表面应光滑，色泽应均匀，外形应规则，不得有翘曲、脱膜和锈蚀等缺陷。金属板应用专用吊具安装，安装和运输过程中不得损伤金属板。

（2）金属板应根据要求板型和深化设计的排板图铺设，并应按设计图纸规定的连接方式固定。金属板固定支架或支座位置应准确，安装应牢固。

（3）金属板屋面铺装的有关尺寸应符合下列规定。

① 金属板檐口挑出墙面的长度不应小于200 mm。

② 金属板伸入檐沟、天沟内的长度不应小于100 mm。

③ 金属泛水板与突出屋面墙体的搭接高度不应小于250 mm。

④ 金属泛水板、变形缝盖板与金属板的搭接宽度不应小于200 mm。

⑤ 金属屋脊盖板在两坡面金属板上的搭盖宽度不应小于 250 mm。

2. 检验批的质量检查与验收

金属板铺装分项工程检验批质量检验标准和方法见表 7 – 17。

表 7 – 17　金属板铺装分项工程检验批质量检验标准和方法

项目	序号	检查项目	检验标准	检验方法
主控项目	1	材料质量	金属板及其辅助材料的质量应符合设计要求	检查出厂合格证、质量检验报告和进场检验报告
	2	防水质量	金属板屋面不得有渗漏现象	雨后观察或淋水试验
一般项目	1	铺装质量和坡度	金属板铺装应平整、顺滑；排水坡度应符合设计要求	坡度尺检查
	2	咬口锁边	压型金属板的咬口锁边连接应严密、连续、平整，不得扭曲和裂口	观察检查
	3	紧固件连接	压型金属板的紧固件连接应采用带防水垫圈的自攻螺钉，固定点应设在波峰上；所有自攻螺钉外露的部位均应密封处理	观察检查
	4	纵（横）向搭接	金属面绝热夹芯板的纵向和横向搭接应符合设计要求	观察检查
	5	细部构造	金属板的屋脊、檐口、泛水，直线段应顺直，曲线段应顺畅	观察检查
	6	铺装偏差	金属板铺装的允许偏差和检验方法应符合表 7 – 18 的规定	

表 7 – 18　金属板铺装的允许偏差和检验方法

检查项目	允许偏差/mm	检验方法
檐口与屋脊的平行度	15	
金属板对屋脊的垂直度	单坡长度的 1/800，且不大于 25	
金属板咬缝的平整度	10	拉线和尺量检查
檐口相邻两板的端部错位	6	
金属板铺装的有关尺寸	符合设计要求	尺量检查

7.5.5　玻璃采光顶铺装

玻璃采光顶是由玻璃透光面板与支承体系组成的屋顶。

1. 工程质量要求

（1）玻璃采光顶的预埋件应位置准确，安装应牢固。

（2）采光顶玻璃及玻璃组件的制作，应符合现行行业标准《建筑玻璃采光顶技术要求》（JG/T 231—2018）的有关规定。

（3）采光顶玻璃表面应平整、洁净，颜色应均匀一致。

（4）玻璃采光顶与周边墙体之间的连接应符合设计要求。

2. 检验批的质量检查与验收

玻璃采光顶铺装分项工程检验批质量检验标准和方法见表7-19。

表7-19　玻璃采光顶铺装分项工程检验批质量检验标准和方法

项目	序号	检查项目	检验标准	检验方法
主控项目	1	材料质量	采光顶玻璃及其配套材料的质量应符合设计要求	检查出厂合格证和质量检验报告
	2	防水质量	玻璃采光顶不得有渗漏现象	雨后观察或淋水试验
	3	密封胶打注质量	硅酮耐候密封胶的打注应密实、连续、饱满，粘结应牢固，不得有气泡、开裂、脱落等缺陷	观察检查
一般项目	1	铺装质量和坡度	玻璃采光顶铺装应平整、顺直；排水坡度应符合设计要求	观察和坡度尺检查
	2	冷凝水收集和排除构造	玻璃采光顶的冷凝水收集和排除构造应符合设计要求	观察检查
	3	玻璃采光顶铺装质量	明框玻璃采光顶的外露金属框或压条应横平竖直，压条安装应牢固；隐框玻璃采光顶的玻璃分格拼缝应横平竖直，均匀一致	观察和手扳检查
	4		点支撑玻璃采光顶的支撑装置应安装牢固，配合应严密；支撑装置不得与玻璃直接接触	观察检查
	5	密封胶缝质量	采光顶玻璃的密封胶缝应横平竖直，深浅应一致，宽窄应均匀，应光滑顺直	观察检查
	6	铺装偏差	明框、隐框、点支撑三类玻璃采光顶铺装的允许偏差和检验方法应符合《屋面工程质量验收规范》（GB 50207—2012）的有关规定	

任务 7.6　细部构造工程

细部构造工程

本任务内容作为知识拓展，放入二维码中，供有需要或感兴趣的学生自学使用。

任务 7.7　屋面工程验收

7.7.1　验收程序和标准

检验批及分项工程应由监理工程师组织施工单位项目专业质量或技术负责人等进行验收。验收前，施工单位先填好检验批和分项工程的质量验收记录，并由项目专业质量检验员在验收记录中签字，然后由监理工程师组织，按规定程序进行。分部（子分部）工程应由总监理工程师组织施工单位项目负责人和项目技术、质量负责人等进行验收。

（1）检验批质量验收合格应符合下列规定。

① 主控项目的质量应经抽查检验合格。

② 一般项目的质量应经抽查检验合格；有允许偏差值的项目，其抽查点应有 80% 及其以上在允许偏差范围内，且最大偏差值不得超过允许偏差值的 1.5 倍。

③ 应具有完整的施工操作依据和质量检查记录。

（2）分项工程质量验收合格应符合下列规定。

① 分项工程所含检验批的质量均应验收合格。

② 分项工程所含检验批的质量验收记录应完整。

（3）分部（子分部）工程质量验收合格应符合下列规定。

① 分部（子分部）所含分项工程的质量均应验收合格。

② 质量控制资料应完整。

③ 安全与功能抽样检验应符合现行国家标准《建筑工程施工质量验收统一标准》（GB 50300—2013）的有关规定。

④ 观感质量检查应符合规范要求。

（4）屋面工程验收资料和记录应符合表 7-20 的规定。

表 7-20 屋面工程验收资料和记录

资料项目	验收资料
防水设计	设计图纸及会审记录、设计变更通知单和材料代用核定单
施工方案	施工方法、技术措施、质量保证措施
技术交底记录	施工操作要求及注意事项
材料质量证明文件	出厂合格证、型式检验报告、出厂检验报告、进场验收记录和进场检验报告
施工日志	逐日施工情况
工程检验记录	工序交接检验记录、检验批质量验收记录、隐蔽工程验收记录、淋水或蓄水试验记录、观感质量检查记录、安全与功能抽样检验（检测）记录
其他技术资料	事故处理报告、技术总结

7.7.2 验收内容

（1）屋面工程应进行隐蔽工程验收，具体如下。

① 卷材、涂膜防水层的基层。

② 保温层的隔汽和排汽措施。

③ 保温层的铺设方式、厚度、板材缝隙填充质量及热桥部位的保温措施。

④ 接缝的密封处理。

⑤ 瓦材与基层的固定措施。

⑥ 檐沟、天沟、泛水、水落口和变形缝等细部做法。

⑦ 在屋面易开裂和渗水部位的附加层。

⑧ 保护层与卷材、涂膜防水层之间的隔离层。

⑨金属板与基层的固定和板缝间的密封处理。

⑩坡度较大时，防止卷材和保温层下滑的措施。

（2）屋面工程观感质量检查应符合下列要求。

① 卷材铺贴方向应正确，搭接缝应粘结或焊接牢固，搭接宽度应符合设计要求，表面应平整，不得有扭曲、皱褶和翘边等缺陷。

② 涂膜防水层粘结应牢固，表面应平整，涂刷应均匀，不得有流淌、起泡和露胎体等缺陷。

③ 嵌填的密封材料应与接缝两侧粘结牢固，表面应平滑，缝边应顺直，不得有气泡、开裂和剥离等缺陷。

④ 檐口、檐沟、天沟、女儿墙、山墙、水落口、变形缝和伸出屋面管道等防水构造应符合设计要求。

⑤ 烧结瓦、混凝土瓦铺装应平整、牢固，应行列整齐，搭接应紧密，檐口应顺直；脊

瓦应搭盖正确，间距应均匀，封固应严密；正脊和斜脊应顺直，应无起伏现象；泛水应顺直整齐，结合应严密。

⑥ 沥青瓦铺装应搭接正确，瓦片外露部分不得超过切口长度，钉帽不得外露；沥青瓦应与基层钉粘牢固，瓦面应平整，檐口应顺直；泛水应顺直整齐，结合应严密。

⑦ 金属板铺装应平整、顺滑；连接应正确，接缝应严密；屋脊、檐口、泛水直线段应顺直，曲线段应顺畅。

⑧ 玻璃采光顶铺装应平整、顺直，外露金属框或压条应横平竖直，压条应安装牢固；玻璃密封胶缝应横平竖直、深浅一致，宽窄应均匀，应光滑顺直。

⑨上人屋面或其他使用功能屋面，其保护及铺面应符合设计要求。

（3）检查屋面有无渗漏、积水和排水系统是否通畅，应在雨后或持续淋水 2 h 后进行，并应填写淋水试验记录。具备蓄水条件的檐沟、天沟应进行蓄水试验，蓄水时间不得少于 24 h，并应填写蓄水试验记录。

（4）对安全与功能有特殊要求的建筑屋面，工程质量验收除应符合规范的规定外，尚应按合同约定和设计要求进行专项检验（检测）和专项验收。

（5）屋面工程验收后，应填写分部工程质量验收记录，并应交建设单位和施工单位存档。

【典型案例 7 - 2】

某项目经理部编制的《屋面工程施工方案》中规定：

（1）工程采用倒置式屋面，屋面构造层包括防水层、保温层、找平层、找坡层、隔离层、结构层和保护层。

（2）防水层选用三元乙丙高分子防水卷材。

（3）防水层施工完成后进行雨后观察或淋水、蓄水试验，其持续时间应符合规范要求。合格后再进行隔离层施工。

典型案例 7 - 2 解析

问：常用高分子防水卷材有哪些（如三元乙丙高分子防水卷材）？常用屋面隔离层材料有哪些？屋面防水层淋水、蓄水试验持续时间各是多少小时？

巩固练习

1. 简述屋面工程的质量控制要点。
2. 简述屋面工程使用材料的质量要求。
3. 屋面工程的各子分部工程和分项工程是如何划分的？
4. 基层与保护子分部工程一般包括哪些分项工程？
5. 找坡层和找平层分项工程检验批质量检验包括哪些检查项目？

6. 保温与隔热子分部工程质量检验的一般规定有哪些？

7. 保温层和隔热层分别有哪些类型？

8. 根据施工方法的不同，简述板状材料保温层的施工质量要求。

9. 简述种植隔热层的工程质量要求。

10. 简述防水与密封子分部工程质量检验的一般规定。

11. 防水卷材的铺贴有哪几种施工方法？应符合哪些质量要求？

12. 简述瓦面与板面子分部工程质量检验的一般规定。

13. 烧结瓦和混凝土瓦铺装分项工程检验批质量检验包括哪些检查项目？

14. 简述玻璃采光顶铺装工程的质量要求及检验批质量检验所包括的检查项目。

15. 屋面细部构造子分部工程包括哪些分项工程？其工程质量应符合哪些一般规定？

16. 屋面工程应进行隐蔽工程验收，具体包括哪些内容？

17. 屋面工程观感质量检查应符合哪些要求？

📖 在线自测

项目 7 在线自测

项目8 PROJECT 8

建筑围护结构节能工程质量检验

项目概述

当前全球变暖问题逐渐凸显，正在改变和影响着人们的生活方式。为控制和应对全球变暖带来的各种问题，需要从根源上控制"碳"的耗用，进而减少"二氧化碳"的排放。2020年9月22日，中国在第七十五届联合国大会上提出："中国将提高国家自主贡献力度，采取更加有力的政策和措施，二氧化碳排放力争于2030年前达到峰值，努力争取2060年前实现碳中和。"2021年2月，国务院发布了《国务院关于加快建立健全绿色低碳循环发展经济体系的指导意见》，其中明确要"开展绿色社区创建行动，大力发展绿色建筑，建立绿色建筑统一标识制度，结合城镇老旧小区改造推动社区基础设施绿色化和既有建筑节能改造"。

建筑节能工程的目的是在民用建筑工程的新建、改建、扩建过程中执行节能标准，采用节能型的技术、工艺、设备、材料和产品，提高建筑物的保温隔热性能和采暖供热、空调制冷制热系统效率；同时，加强建筑物用能系统的运行管理，利用可再生能源，在保证室内热环境质量的前提下，减少供热、空调制冷制热、照明、热水供应的能耗。建筑节能工程主要包括围护结构节能、供暖空调节能、配电照明节能、监测控制节能和可再生能源节能五项子分部工程。在本项目中，我们主要学习建筑围护结构节能工程的施工质量检验。

学习目标

1. 了解建筑节能工程施工质量检验的基本规定。

2. 了解建筑围护结构节能分项工程的划分。

3. 掌握建筑围护结构节能工程常见检验批、分项工程、子分部工程的施工质量要求和检验标准。

4. 熟悉围护结构现场实体检验的一般规定和检验方法。

5. 了解建筑节能工程施工质量验收的相关要求。

依托标准

《建筑节能工程施工质量验收标准》（GB 50411—2019）。

任务8.1 建筑节能工程施工质量检验的基本规定

8.1.1 技术与管理

（1）承担建筑节能工程的施工企业应具备相应的资质；施工现场应建立相应的质量管理体系及施工质量控制与检验制度，具有相应的施工技术标准。

（2）当工程设计变更时，建筑节能性能不得降低，且不得低于国家现行有关建筑节能设计标准的规定。当设计变更涉及建筑节能效果时，应经原施工图设计审查机构审查，在实施前应办理设计变更手续，并获得监理单位的确认。

（3）建筑节能工程采用的新技术、新工艺、新材料、新设备，应按照有关规定进行评审、鉴定。施工前应对新采用的施工工艺进行评价，并制定专项施工方案。

（4）单位工程的施工组织设计应包括建筑节能工程施工内容。建筑节能工程在施工前，施工单位应编制建筑节能工程专项施工方案，并经监理单位审查批准。施工单位应对从事建筑节能工程施工作业的人员进行技术交底和必要的实际操作培训。

（5）用于建筑节能工程质量验收的各项检测，应由具备相应资质的检测机构承担。

8.1.2　材料与设备

（1）建筑节能工程使用的材料、构件和设备等，必须符合设计要求及国家现行标准的有关规定，严禁使用国家明令禁止与淘汰的材料和设备。

（2）公共机构建筑和政府出资的建筑工程应选用通过建筑节能产品认证或具有节能标识的产品；其他建筑工程宜选用通过建筑节能产品认证或具有节能标识的产品。

（3）材料、构件和设备进场验收应遵守下列规定。

① 应对材料、构件和设备的品种、规格、包装、外观等进行检查验收，并应经监理工程师确认，以及应形成相应的验收记录。

② 应对材料、构件和设备的质量证明文件进行核查，并应经监理工程师确认，核查记录应纳入工程技术档案。进入施工现场用于节能工程的材料、构件和设备均应具有出厂合格证、中文说明书及相关性能检测报告。

③ 涉及安全、节能、环境保护和主要使用功能的材料、构件和设备，应按照有关规定在施工现场随机抽样复验，复验应为见证取样检验。当复验的结果不合格时，该材料、构件和设备不得使用。

④ 在同一工程项目中，同厂家、同类型、同规格的节能材料、构件和设备，当获得建筑节能产品认证、具有节能标识或连续三次见证取样检验均一次检验合格时，其检验批的容量可扩大一倍，且仅可扩大一倍。扩大检验批后的检验中出现不合格情况时，应按扩大前的检验批重新验收，且该产品不得再次扩大检验批容量。

（4）检验批抽样样本应随机抽取，并应满足分布均匀、具有代表性的要求。

（5）涉及建筑节能效果的定型产品、预制构件，以及采用成套技术现场施工安装的工程，相关单位应提供型式检验报告。当无明确规定时，型式检验报告的有效期不应超过2年。

（6）建筑节能工程使用材料的燃烧性能和防火处理应符合设计要求，并应符合现行国家标准《建筑设计防火规范（2018年版）》（GB 50016—2014）和《建筑内部装修设计防火规范》（GB 50222—2017）等的规定。

（7）建筑节能工程使用的材料应符合国家现行有关标准对材料有害物质限量的规定，不得对室内外环境造成污染。

（8）现场配制的保温浆料、聚合物砂浆等材料，应按设计要求或实验室给出的配合比配制。当未给出要求时，应按照专项施工方案和产品说明书配制。

（9）节能保温材料在施工使用时的含水率应符合设计、施工工艺及施工方案要求。当无上述要求时，节能保温材料在施工使用时的含水率不应大于正常施工环境湿度下的自然含水率，否则应采取降低含水率的措施。

8.1.3　施工与控制

（1）建筑节能工程应按照经审查合格的设计文件和经审查批准的专项施工方案施工，各施工工序应严格执行并按施工技术标准进行质量控制，每道施工工序完成后，经施工单位自检符合要求后，可进行下道工序施工。各专业工种之间的相关工序应进行交接检验，并应记录。

（2）建筑节能工程施工前，对于采用相同建筑节能设计的房间和构造做法，应在现场采用相同材料和工艺制作样板间或样板件，经有关各方确认后方可进行施工。

（3）使用有机类材料的建筑节能工程施工过程中，应采取必要的防火措施，并应制定火灾应急预案。

（4）建筑节能工程的施工作业环境和条件，应符合国家现行相关标准的规定和施工工艺的要求。节能保温材料不宜在雨雪天气中露天施工。

8.1.4　建筑围护结构节能分项工程的划分

建筑节能工程为单位工程的一个分部工程。建筑围护结构节能工程是建筑节能工程的一个子分部工程，其分项工程和检验批的划分应符合下列规定。

① 建筑围护结构节能分项工程应按照表 8-1 划分。

② 建筑围护结构节能工程可按照分项工程进行验收。当分项工程的工程量较大时，可将分项工程划分为若干个检验批进行验收。

③ 当建筑围护结构节能工程验收无法按照表 8-1 要求划分分项工程或检验批时，可由建设、监理、施工等各方协商划分检验批；其验收项目、验收内容、验收标准和验收记录均应遵守《建筑节能工程施工质量验收标准》（GB 50411—2019）的规定。

④ 当在同一个单位工程项目中，建筑节能分项工程和检验批的验收内容与其他各专业分部工程、分项工程或检验批的验收内容相同且验收结果合格时，可采用其验收结果，不必进行重复检验。建筑节能分部工程验收资料应单独组卷。

表 8-1　建筑围护结构节能分项工程划分

序号	分项工程	主要检验内容
1	墙体节能工程	基层；保温隔热构造；抹面层；饰面层；保温隔热砌体等
2	幕墙节能工程	保温隔热构造；隔汽层；幕墙玻璃；单元式幕墙板块；通风换气系统；遮阳设施；凝结水收集排放系统；幕墙与周边墙体和屋面间的接缝等
3	门窗节能工程	门；窗；天窗；玻璃；遮阳设施；通风器；门窗与洞口间隙等
4	屋面节能工程	基层；保温隔热构造；保护层；隔汽层；防水层，面层等
5	地面节能工程	基层；保温隔热构造；保护层；面层等

任务 8.2   墙体节能工程

本节主要学习建筑外围护结构采用板材、浆料、块材及预制复合墙板等墙体保温材料或构件的建筑墙体节能工程施工质量检验。

8.2.1   一般规定

（1）主体结构完成后进行施工的墙体节能工程，应在基层质量验收合格后施工，施工过程中应及时进行质量检查、隐蔽工程验收和检验批验收，施工完成后应进行墙体节能分项工程验收。与主体结构同时施工的墙体节能工程，应与主体结构一同验收。

（2）墙体节能工程应对下列部位或内容进行隐蔽工程验收，并应有详细的文字记录和必要的图像资料。

① 保温层附着的基层及其表面处理。

② 保温层粘结或固定。

③ 被封闭的保温材料厚度。

④ 锚固件及锚固节点做法。

⑤ 增强网铺设。

⑥ 抹面层厚度。

⑦ 墙体热桥部位处理。

⑧ 保温装饰板、预制保温墙板或预制保温墙板的位置、界面处理、板缝、构造节点及固定方式。

⑨ 现场喷涂或浇注有机类保温材料的界面。

⑩ 保温隔热砌块墙体。

⑪ 各种变形缝处的节能施工做法。

（3）墙体节能工程的保温隔热材料在运输、储存和施工过程中应采取防潮、防水、防火等保护措施。

（4）墙体节能工程验收的检验批划分应符合下列规定。

① 采用相同材料、工艺和施工做法的墙面，扣除门窗洞口后的保温墙面面积每 1 000 m^2 划分为一个检验批。

② 检验批的划分也可根据与施工流程相一致且方便施工与验收的原则，由施工单位与监理单位共同商定。

8.2.2 施工质量检验标准

<主控项目>

（1）墙体节能工程使用的材料、构件应进行进场验收，验收结果应经监理工程师检查认可，且应形成相应的验收记录。各种材料和构件的质量证明文件与相关技术资料应齐全，并应符合设计要求和国家现行有关标准的规定。

（2）墙体节能工程使用的材料、产品进场时，应对其下列性能进行复验，复验应为见证取样送检。

① 保温隔热材料的导热系数或热阻、密度、压缩强度或抗压强度、垂直于板面方向的抗拉强度、吸水率、燃烧性能（不燃材料除外）。

② 复合保温板等墙体节能定型产品的传热系数或热阻、单位面积质量、拉伸粘结强度、燃烧性能（不燃材料除外）。

③ 保温砌块等墙体节能定型产品的传热系数或热阻、抗压强度、吸水率。

④ 反射隔热材料的太阳光反射比、半球发射率。

⑤ 粘结材料的拉伸粘结强度。

⑥ 抹面材料的拉伸粘结强度、压折比。

⑦ 增强网的力学性能、抗腐蚀性能。

（3）外墙外保温工程应采用预制构件、定型产品或成套技术，并应由同一供应商提供配套的组成材料和型式检验报告。型式检验报告中应包括耐候性和抗风压性能检验项目以及配套组成材料的名称、生产单位、规格型号及主要性能参数。

（4）严寒和寒冷地区外保温使用的抹面材料，其冻融试验结果应符合该地区最低气温环境的使用要求。

（5）墙体节能工程施工前应按照设计和施工方案的要求对基层进行处理，处理后的基层应符合要求。

（6）墙体节能工程各层构造做法应符合设计要求，并应按照经过审批的专项施工方案施工。

（7）墙体节能工程的施工质量，必须符合下列规定。

① 保温隔热材料的厚度不得低于设计要求。

② 保温板材与基层之间及各构造层之间的粘结或连接必须牢固。保温板材与基层的连接方式、拉伸粘结强度和粘结面积比应符合设计要求。保温板材与基层之间的拉伸粘结强度应进行现场拉拔试验，且不得在界面破坏。粘结面积比应进行剥离检验。

③ 当采用保温浆料做外保温时，厚度大于 20 mm 的保温浆料应分层施工。保温浆料与基层之间及各层之间的粘结必须牢固，不应脱层、空鼓和开裂。

④ 当保温层采用锚固件固定时，锚固件数量、位置、锚固深度、胶结材料性能和锚固

力应符合设计和施工方案的要求；保温装饰板的锚固件应使其装饰面板可靠固定；锚固力应做现场拉拔试验。

（8）外墙采用预置保温板现场浇筑混凝土墙体时，保温板的安装位置应正确，接缝应严密，保温板应固定牢固，在浇筑混凝土过程中不应移位、变形；保温板表面应采取界面处理措施，与混凝土粘结应牢固。

（9）外墙采用保温浆料作保温层时，应在施工中制作同条件试件，检测其导热系数、干密度和抗压强度。保温浆料的试件应见证取样检验。

（10）墙体节能工程各类饰面层的基层及面层施工，应符合设计且应符合现行国家标准《建筑装饰装修工程质量验收标准》（GB 50210—2018）的规定，并应符合下列规定。

① 饰面层施工前应对基层进行隐蔽工程验收。基层应无脱层、空鼓和裂缝，并应平整、洁净，含水率应符合饰面层施工的要求。

② 外墙外保温工程不宜采用粘贴饰面砖做饰面层；当采用时，其安全性与耐久性必须符合设计要求。饰面砖应做粘结强度拉拔试验，试验结果应符合设计和有关标准的规定。

③ 外墙外保温工程的饰面层不得渗漏。当外墙外保温工程的饰面层采用饰面板开缝安装时，保温层表面应覆盖具有防水功能的抹面层或采取其他防水措施。

④ 外墙外保温层及饰面层与其他部位交接的收口处，应采取防水措施。

（11）保温砌块砌筑的墙体，应采用配套砂浆砌筑。砂浆的强度等级及导热系数应符合设计要求。砌体灰缝饱满度不应低于80%。

（12）采用预制保温墙板现场安装的墙体，应符合下列规定。

① 保温墙板的结构性能、热工性能及与主体结构的连接方法应符合设计要求，与主体结构连接必须牢固。

② 保温墙板的板缝处理、构造节点及嵌缝做法应符合设计要求。

③ 保温墙板板缝不得渗漏。

（13）外墙采用保温装饰板时，应符合下列规定。

① 保温装饰板的安装构造、与基层墙体的连接方法应符合设计要求，连接必须牢固。

② 保温装饰板的板缝处理、构造节点做法应符合设计要求。

③ 保温装饰板板缝不得渗漏。

④ 保温装饰板的锚固件应将保温装饰板的装饰面板固定牢固。

（14）采用防火隔离带构造的外墙外保温工程施工前编制的专项施工方案应符合现行行业标准《建筑外墙外保温防火隔离带技术规程》（JGJ 289—2012）的规定，并应制作样板墙，其采用的材料和工艺应与专项施工方案相同。

（15）防火隔离带组成材料应与外墙外保温组成材料相配套。防火隔离带宜采用工厂预制的制品现场安装，并应与基层墙体可靠连接，防火隔离带面层材料应与外墙外保温一致。

（16）建筑外墙外保温防火隔离带保温材料的燃烧性能等级应为 A 级，并应符合本节主控项目（3）的规定。

（17）墙体内设置的隔汽层，其位置、材料及构造做法应符合设计要求。隔汽层应完整、严密，穿透隔汽层处应采取密封措施。隔汽层凝结水排水构造应符合设计要求。

（18）外墙和毗邻不供暖空间墙体上的门窗洞口四周墙的侧面，墙体上凸窗四周的侧面，应按设计要求采取节能保温措施。

（19）严寒和寒冷地区外墙热桥部位，应按设计要求采取隔断热桥措施。

＜一般项目＞

（1）当节能保温材料与构件进场时，其外观和包装应完整无损。

（2）当采用增强网作为防止开裂的措施时，增强网的铺贴和搭接应符合设计和专项施工方案的要求。砂浆抹压应密实，不得空鼓，增强网应铺贴平整，不得皱褶、外露。

（3）设置集中供暖和空调的房间，其外墙热桥部位应按设计要求采取隔断热桥措施。

（4）施工产生的墙体缺陷，如穿墙套管、脚手架眼、孔洞、外门窗框或附框与洞口之间的间隙等，应按照专项施工方案采取隔断热桥措施，不得影响墙体热工性能。

（5）墙体保温板材的粘贴方法和接缝方法应符合专项施工方案要求，保温板接缝应平整严密。

（6）外墙保温装饰板安装后表面应平整，板缝均匀一致。

（7）墙体采用保温浆料时，保温浆料层宜连续施工；保温浆料厚度应均匀，接槎应平顺密实。

（8）墙体上的阳角、门窗洞口及不同材料基体的交接处等部位，其保温层应采取防止开裂和破损的加强措施。

（9）采用现场喷涂或模板浇注的有机类保温材料做外保温时，有机类保温材料应达到陈化时间后方可进行下道工序施工。

典型案例 8-1 解析

【典型案例 8-1】

某住宅工程项目，在对其建筑节能工程围护结构子分部工程检查时，抽查了墙体节能分项工程中保温隔热材料复检报告。复检报告表明批次酚醛泡沫塑料板的导热系数（热阻）等各项性能指标合格。

问：建筑节能工程中的围护结构子分部工程包含哪些分项工程？墙体保温隔热材料进场时需要复验的性能指标有哪些？

典型案例 8-2 解析

【典型案例 8-2】

某高级住宅工程，外墙挤塑板保温层施工中，项目部对保温板的固定、构造节点的处理等内容进行了隐蔽工程验收，保留了相关的记录和图像资料。

问：墙体节能工程隐蔽工程验收的部位或内容还有哪些?

任务 8.3　幕墙节能工程

本节主要学习建筑外围护结构的各类透光、非透光建筑幕墙和采光屋面节能工程施工质量检验。

8.3.1　一般规定

（1）幕墙节能工程的隔汽层、保温层应在主体结构工程质量验收合格后施工。幕墙施工过程中应及时进行质量检查、隐蔽工程验收和检验批验收，施工完成后应进行幕墙节能分项工程验收。

（2）当幕墙节能工程采用隔热型材时，应提供隔热型材所使用的隔断热桥材料的物理力学性能检测报告。

（3）幕墙节能工程施工中应对下列部位或项目进行隐蔽工程验收，并应有详细的文字记录和必要的图像资料。

① 保温材料厚度和保温材料的固定。

② 幕墙周边与墙体、屋面、地面的接缝处保温、密封构造。

③ 构造缝、结构缝处的幕墙构造。

④ 隔汽层。

⑤ 热桥部位、断热节点。

⑥ 单元式幕墙板块间的接缝构造。

⑦ 冷凝水收集和排放构造。

⑧ 幕墙的通风换气装置。

⑨ 遮阳构件的锚固和连接。

（4）幕墙节能工程使用的保温材料在运输、储存和施工过程中应采取防潮、防水、防火等保护措施。

（5）幕墙节能工程检验批划分，对于采用相同材料、工艺和施工做法的幕墙，按照幕墙面积每 1 000 m² 划分为一个检验批；检验批的划分也可根据与施工流程相一致且方便施工与验收的原则，由施工单位与监理单位双方协商确定。

8.3.2　施工质量检验标准

<主控项目>

（1）幕墙节能工程使用的材料、构件应进行进场验收，验收结果应经监理工程师检查认可，且应形成相应的验收记录。各种材料和构件的质量证明文件与相关技术资料应齐全，并应符合设计要求和国家现行有关标准的规定。

（2）幕墙（含采光顶）节能工程使用的材料、构件进场时，应对其下列性能进行复验，复验应为见证取样检验。

① 保温隔热材料的导热系数或热阻、密度、吸水率、燃烧性能（不燃材料除外）。

② 幕墙玻璃的可见光透射比、传热系数、遮阳系数，中空玻璃的密封性能。

③ 隔热型材的抗拉强度、抗剪强度。

④ 透光、半透光遮阳材料的太阳光透射比、太阳光反射比。

（3）幕墙的气密性能应符合设计规定的等级要求。密封条应镶嵌牢固、位置正确、对接严密。单元式幕墙板块之间的密封应符合设计要求。开启部分关闭应严密。

（4）每幅建筑幕墙的传热系数、遮阳系数均应符合设计要求。幕墙工程热桥部位的隔断热桥措施应符合设计要求，隔断热桥节点的连接应牢固。

（5）幕墙节能工程使用的保温材料，其厚度应符合设计要求，安装牢固，不得松脱。

（6）幕墙遮阳设施安装位置、角度应满足设计要求。遮阳设施安装应牢固，并满足维护检修的荷载要求。外遮阳设施应满足抗风的要求。

（7）幕墙隔汽层应完整、严密、位置正确，穿透隔汽层处应采取密封措施。

（8）幕墙保温材料应与幕墙面板或基层墙体可靠粘结或锚固，有机保温材料应采用非金属不燃材料作防护层，防护层应将保温材料完全覆盖。

（9）建筑幕墙与基层墙体、窗间墙、窗槛墙及裙墙之间的空间，应在每层楼板处和防火分区隔离部位采用防火封堵材料封堵。

（10）幕墙可开启部分开启后的通风面积应满足设计要求。幕墙通风器的通道应通畅、尺寸满足设计要求，开启装置应能顺畅开启和关闭。

（11）凝结水的收集和排放应畅通，并不得渗漏。

（12）采光屋面的可开启部分应按门窗节能工程施工质量检验的要求验收。采光屋面的安装应牢固，坡度正确，封闭严密，不得渗漏。

<一般项目>

（1）幕墙镀（贴）膜玻璃的安装方向、位置应符合设计要求。采用密封胶密封的中空玻璃应采用双道密封。采用了均压管的中空玻璃，其均压管在安装前应密封处理。

（2）单元式幕墙板块组装应符合下列要求。

① 密封条规格正确，长度无负偏差，接缝的搭接符合设计要求。

② 保温材料固定牢固。

③ 隔汽层密封完整、严密。

④ 凝结水排水系统通畅，管路无渗漏。

（3）幕墙与周边墙体、屋面间的接缝处应按设计要求采用保温措施，并应采用耐候密封胶等密封。建筑伸缩缝、沉降缝、抗震缝处的幕墙保温或密封做法应符合设计要求。严寒、寒冷地区当采用非闭孔保温材料时，应有完整的隔汽层。

（4）幕墙活动遮阳设施的调节机构应灵活，并应能调节到位。

【典型案例 8-3】

某高层钢结构工程，建筑面积 28 000 m²，地下 1 层，地上 12 层，外围护结构为玻璃幕墙和石材幕墙，外墙保温材料为新型保温材料；屋面为现浇钢筋混凝土板，防水等级为 1 级。采用卷材防水。工程采用新型保温材料，按规定进行了材料评审、鉴定并备案，同时施工单位完成相应程序性工作后，经监理工程师批准投入使用。

典型案例 8-3 解析

问：新型保温材料使用前还应进行哪些程序性工作？

任务 8.4　门窗节能工程

本节主要学习建筑外门窗节能工程的施工质量检验，包括金属门窗、塑料门窗、木门窗、各种复合门窗、特种门窗、天窗及门窗玻璃安装等节能工程。

8.4.1　一般规定

（1）门窗节能工程应优先选用具有国家建筑门窗节能性能标识的产品。当门窗采用隔热型材时，应提供隔热型材所使用的隔断热桥材料的物理力学性能检测报告。

（2）主体结构完成后进行施工的门窗节能工程，应在外墙质量验收合格后对门窗框与墙体接缝处的保温填充做法和门窗附框等进行施工，施工过程中应及时进行质量检查、隐蔽工程验收和检验批验收，隐蔽部位验收应在隐蔽前进行，并应有详细的文字记录和必要的图像资料，施工完成后应进行门窗节能分项工程验收。

（3）门窗节能工程验收的检验批划分，同一厂家的同材质、类型和型号的门窗每 200樘划分为一个检验批；同一厂家的同材质、类型和型号的特种门窗每 50 樘划分为一个检验批；异型或有特殊要求的门窗检验批的划分也可根据其特点和数量，由施工单位与监理单位协商确定。

8.4.2 施工质量检验标准

＜主控项目＞

（1）建筑门窗节能工程使用的材料、构件应进行进场验收，验收结果应经监理工程师检查认可，且应形成相应的验收记录。各种材料和构件的质量证明文件和相关技术资料应齐全，并应符合设计要求和国家现行有关标准的规定。

（2）门窗（包括天窗）节能工程使用的材料、构件进场时，应按工程所处的气候区核查质量证明文件、节能性能标识证书、门窗节能性能计算书、复验报告，并应对下列性能进行复验，复验应为见证取样检验。

① 严寒、寒冷地区：门窗的传热系数、气密性能。

② 夏热冬冷地区：门窗的传热系数、气密性能，玻璃的遮阳系数、可见光透射比。

③ 夏热冬暖地区：门窗的气密性能，玻璃的遮阳系数、可见光透射比。

④ 严寒、寒冷、夏热冬冷和夏热冬暖地区：透光、部分透光遮阳材料的太阳光透射比、太阳光反射比，中空玻璃的密封性能。

（3）金属外门窗隔断热桥措施应符合设计要求和产品标准的规定，金属附框应按照设计要求采取保温措施。

（4）外门窗框或附框与洞口之间的间隙应采用弹性闭孔材料填充饱满，并进行防水密封，夏热冬暖地区、温和地区当采用防水砂浆填充间隙时，窗框与砂浆间应用密封胶密封；外门窗框与附框之间的缝隙应使用密封胶密封。

（5）严寒和寒冷地区的外门应按照设计要求采取保温、密封等节能措施。

（6）外窗遮阳设施的性能、位置、尺寸应符合设计和产品标准要求；遮阳设施的安装应位置正确、牢固，满足安全和使用功能的要求。

（7）用于外门的特种门的性能应符合设计和产品标准要求；特种门安装中的节能措施，应符合设计要求。

（8）天窗安装的位置、坡向、坡度应正确，封闭严密，不得渗漏。

（9）通风器的尺寸、通风量等性能应符合设计要求；通风器的安装位置应正确，与门窗型材间的密封应严密，开启装置应能顺畅开启和关闭。

＜一般项目＞

（1）门窗扇密封条和玻璃镶嵌的密封条，其物理性能应符合相关标准中的要求。密封条安装位置应正确，镶嵌牢固，不得脱槽，接头处不得开裂。关闭门窗时密封条应接触严密。

（2）门窗镀（贴）膜玻璃的安装方向应符合设计要求，采用密封胶密封的中空玻璃应采用双道密封，采用了均压管的中空玻璃其均压管应进行密封处理。

（3）外门、窗遮阳设施调节应灵活、调节应到位。

任务 8.5　屋面节能工程

本节主要学习采用板材、现浇、喷涂等保温隔热做法的建筑屋面节能工程施工质量检验。

8.5.1　一般规定

（1）屋面节能工程应在基层质量验收合格后进行施工，施工过程中应及时进行质量检查、隐蔽工程验收和检验批验收，施工完成后应进行屋面节能分项工程验收。

（2）屋面节能工程应对下列部位进行隐蔽工程验收，并应有详细的文字记录和必要的图像资料。

① 基层及其表面处理。

② 保温材料的种类、厚度、保温层的敷设方式；板材的缝隙填充质量。

③ 屋面热桥部位处理。

④ 隔汽层。

（3）屋面保温隔热层施工完成后，应及时进行后续施工或加以覆盖。

（4）屋面节能工程施工质量验收的检验批划分，采用相同材料、工艺和施工做法的屋面，扣除天窗、采光顶后的屋面面积，每 1 000 m² 面积划分为一个检验批；检验批的划分也可根据与施工流程相一致且方便施工与验收的原则，由施工单位与监理单位协商确定。

8.5.2　施工质量检验标准

＜主控项目＞

（1）屋面节能工程使用的保温隔热材料、构件应进行进场验收，验收结果应经监理工程师检查认可，且应形成相应的验收记录。各种材料和构件的质量证明文件与相关技术资料应齐全。并应符合设计要求和国家现行有关标准的规定。

（2）屋面节能工程使用的材料进场时，应对其下列性能进行复验，复验应为见证取样检验。

① 保温隔热材料的导热系数或热阻、密度、压缩强度或抗压强度、吸水率、燃烧性能（不燃材料除外）。

② 反射隔热材料的太阳光反射比、半球发射率。

（3）屋面保温隔热层的敷设方式、厚度、缝隙填充质量及屋面热桥部位的保温隔热做法，应符合设计要求和有关标准的规定。

（4）屋面的通风隔热架空层，其架空高度、安装方式、通风口位置及尺寸应符合设计及有关标准要求。架空层内不得有杂物。架空面层应完整，不得有断裂和露筋等缺陷。

（5）屋面隔汽层的位置、材料及构造做法应符合设计要求，隔汽层应完整、严密，穿透隔汽层处应采取密封措施。

（6）坡屋面、架空屋面内保温应采用不燃保温材料，保温层做法应符合设计要求。

（7）当采用带铝箔的空气隔层做隔热保温屋面时，其空气隔层厚度、铝箔位置应符合设计要求。空气隔层内不得有杂物，铝箔应铺设完整。

（8）种植植物的屋面，其构造做法与植物的种类、密度、覆盖面积等应符合设计及相关标准要求，植物的种植与维护不得损害节能效果。

（9）采用有机类保温隔热材料的屋面，防火隔离措施应符合设计和现行国家标准《建筑设计防火规范（2018 年版）》（GB 50016—2014）的规定。

（10）金属板保温夹芯屋面应铺装牢固、接口严密、表面洁净、坡向正确。

＜一般项目＞

（1）屋面保温隔热层应按专项施工方案施工，并应符合下列规定。

① 板材应粘贴牢固、缝隙严密、平整。

② 现场采用喷涂、浇注、抹灰等工艺施工的保温层，应按配合比准确计量、分层连续施工、表面平整、坡向正确。

（2）反射隔热屋面的颜色应符合设计要求，色泽应均匀一致，没有污迹，无积水现象。

（3）坡屋面、架空屋面当采用内保温时，保温隔热层应设有防潮措施，其表面应有保护层，保护层的做法应符合设计要求。

任务 8.6　地面节能工程

本节主要学习建筑工程中接触土壤或室外空气的地面、毗邻不供暖空间的地面，以及与土壤接触的地下室外墙等节能工程的施工质量检验。

8.6.1　一般规定

（1）地面节能工程的施工，应在基层质量验收合格后进行。施工过程中应及时进行质量检查、隐蔽工程验收和检验批验收，施工完成后应进行地面节能分项工程验收。

（2）地面节能工程应对下列部位进行隐蔽工程验收，并应有详细的文字记录和必要的图像资料。

① 基层及其表面处理。

② 保温材料种类和厚度。

③ 保温材料粘结。

④ 地面热桥部位处理。

（3）地面节能分项工程检验批划分，采用相同材料、工艺和施工做法的地面，每 1 000 m² 面积划分为一个检验批。检验批的划分也可根据与施工流程相一致且方便施工与验收的原则，由施工单位与监理单位协商确定。

8.6.2　施工质量检验标准

< 主控项目 >

（1）用于地面节能工程的保温材料、构件应进行进场验收，验收结果应经监理工程师检查认可，且应形成相应的验收记录。各种材料和构件的质量证明文件与相关技术资料应齐全，并应符合设计要求和国家现行有关标准的规定。

（2）地面节能工程使用的保温材料进场时，应对其导热系数或热阻、密度、压缩强度或抗压强度、吸水率、燃烧性能（不燃材料除外）等性能进行复验，复验应为见证取样检验。

（3）地下室顶板和架空楼板底面的保温隔热材料应符合设计要求，并应粘贴牢固。

（4）地面节能工程在施工前，基层处理应符合设计和专项施工方案的有关要求。

（5）地面保温层、隔离层、保护层等各层的设置和构造做法应符合设计要求，并应按专项施工方案施工。

（6）地面节能工程的施工质量应符合下列规定。

① 保温板与基层之间、各构造层之间的粘结应牢固，缝隙应严密。

② 穿越地面到室外的各种金属管道应按设计要求采取保温隔热措施。

（7）有防水要求的地面，其节能保温做法不得影响地面排水坡度，防护面层不得渗漏。

（8）严寒和寒冷地区，建筑首层直接接触土壤的地面、底面直接接触室外空气的地面、毗邻不供暖空间的地面以及供暖地下室与土壤接触的外墙应按设计要求采取保温措施。

（9）保温层的表面防潮层、保护层应符合设计要求。

< 一般项目 >

（1）采用地面辐射采暖的工程，其地面节能做法应符合设计要求和现行行业标准《辐射供暖供冷技术规程》（JGJ 142—2012）的规定。

（2）接触土壤地面的保温层下面的防潮层应符合设计要求。

任务 8.7 围护结构现场实体检验

8.7.1 一般规定

建筑围护结构施工完成后，应对围护结构的外墙节能构造和外窗气密性能进行现场实体检验。

（1）建筑外墙节能构造的现场实体检验应包括墙体保温材料的种类、保温层厚度和保温构造做法。当条件具备时，也可直接进行外墙传热系数或热阻检验。

（2）建筑外窗气密性能现场实体检验的方法应符合国家现行有关标准的规定，下列建筑的外窗应进行气密性能实体检验。

① 严寒、寒冷地区建筑。

② 夏热冬冷地区高度大于或等于 24 m 的建筑和有集中供暖或供冷的建筑。

③ 其他地区有集中供冷或供暖的建筑。

（3）外墙节能构造和外窗气密性能现场实体检验的抽样数量应符合下列规定。

① 外墙节能构造实体检验应按单位工程进行，每种节能构造的外墙检验不得少于 3 处，每处检查一个点；传热系数检验数量应符合国家现行有关标准的要求。

② 外窗气密性能现场实体检验应按单位工程进行，每种材质、开启方式、型材系列的外窗检验不得少于 3 樘。

③ 同工程项目、同施工单位且同期施工的多个单位工程，可合并计算建筑面积；每30 000 m² 可视为一个单位工程进行抽样，不足 30 000 m² 也视为一个单位工程。

④ 实体检验的样本应在施工现场由监理单位和施工单位随机抽取，且应分布均匀、具有代表性，不得预先确定检验位置。

（4）外墙节能构造钻芯检验应由监理工程师见证，可由建设单位委托有资质的检测机构实施，也可由施工单位实施。

（5）当对外墙传热系数或热阻检验时，应由监理工程师见证，由建设单位委托具有资质的检测机构实施；其检测方法、抽样数量、检测部位和合格判定标准等可按照相关标准确定，并在合同中约定。

（6）外窗气密性的现场实体检测应由监理工程师见证，由建设单位委托有资质的检测机构实施。

（7）当外墙节能构造或外窗气密性现场检验结果不符合设计要求和标准规定时，应委托有资质的检测机构扩大一倍数量抽样，对不符合要求的项目或参数再次检验。仍然不符合要求时应给出"不符合设计要求"的结论，并应符合下列规定。

① 对于不符合设计要求的围护结构节能构造应查找原因，对因此造成的对建筑节能的影响程度进行计算或评估，采取技术措施予以弥补或消除后重新进行检测，合格后方可通过验收。

② 对于建筑外窗气密性不符合设计要求和国家现行标准规定的，应查找原因，经过整改使其达到要求后重新进行检测，合格后方可通过验收。

8.7.2　外墙节能构造钻芯检验方法

钻芯检验适用于带有保温层的建筑外墙节能构造的质量检验，该检验应在外墙施工完工后、节能分部工程验收前进行，并应在监理工程师见证下实施。

（1）钻芯检验外墙节能构造的取样部位和数量应符合下列规定。

① 取样部位应由检测人员随机抽样确定，不得在外墙施工前预先确定。

② 取样部位应选取节能构造有代表性的外墙上相对隐蔽的部位，并宜兼顾不同朝向和楼层。

③ 外墙取样数量，一个单位工程每种节能保温做法至少取 3 个芯样。取样部位宜均匀分布，不宜在同一个房间外墙上取 2 个或 2 个以上芯样。

（2）钻芯检验外墙节能构造可采用空心钻头，从保温层一侧钻取直径 70 mm 的芯样。钻取芯样深度为钻透保温层到达结构层或基层表面，必要时也可钻透墙体。当外墙的表层坚硬不易钻透时，也可局部剔除坚硬的面层后钻取芯样。但钻取芯样后应恢复原有外墙的表面装饰层。

（3）钻取芯样时应尽量避免冷却水流入墙体内及污染墙面。从空心钻头中取出芯样时应谨慎操作，以保持芯样完整。当芯样严重破损难以准确判断节能构造或保温层厚度时，应重新取样检验。

（4）对钻取的芯样，应按照下列规定进行检查。

① 对照设计图纸观察、判断保温材料种类是否符合设计要求；必要时也可采用其他方法加以判断。

② 用分度值为 1 mm 的钢尺，在垂直于芯样表面（外墙面）的方向上量取保温层厚度，精确到 1 mm。

③ 观察或剖开检查保温层构造做法是否符合设计和专项施工方案要求。

（5）在垂直于芯样表面（外墙面）的方向上实测芯样保温层厚度，当实测厚度的平均值达到设计厚度的95% 及以上时，应判定保温层厚度符合设计要求；否则，应判定保温层厚度不符合设计要求。

（6）实施钻芯检验外墙节能构造的机构应出具检验报告。检验报告至少应包括下列内容。

① 抽样方法、抽样数量与抽样部位。

② 芯样状态的描述。

③ 实测保温层厚度，设计要求厚度。

④ 给出是否符合设计要求的检验结论。

⑤ 附有带标尺的芯样照片并在照片上注明每个芯样的取样部位。

⑥ 监理单位取样见证人的见证意见。

⑦ 参加现场检验的人员及现场检验时间。

⑧ 检测发现的其他情况和相关信息。

（7）当取样检验结果不符合设计要求时，应委托具备检测资质的见证检测机构增加一倍数量再次取样检验。仍不符合设计要求时应判断围护结构节能构造不符合设计要求。此时应根据检验结果委托原设计单位或其他有资质的单位重新验算外墙的热工性能，提出技术处理方案。

（8）外墙取样部位的修补，可采用聚苯板或其他保温材料制成的圆柱形塞填充并用建筑密封胶密封。修补后宜在取样部位挂贴注有"外墙节能构造检验点"的标志牌。

典型案例8-4解析

【典型案例 8 - 4】

某住宅工程项目，项目部在工程质量策划中，制定了分项工程过程质量检验计划，部分内容见表8-2。

表 8 - 2　部分施工过程检验主要内容

类别	检验项目	主要检验参数
地基与基础	桩基性能	承载力
		桩身完整性
建筑节能	围护结构现场实体检验	

问：围护结构现场实体检验的主要检验参数是什么（如桩基性能主要检验参数为承载力和桩身完整性)？

任务 8.8　建筑节能工程验收

建筑节能工程的质量验收，应在施工单位自检合格，且检验批、分项工程全部验收合格的基础上，进行外墙节能构造、外窗气密性能现场实体检验和设备系统节能性能检测，确认建筑节能工程质量达到验收条件后方可进行。

（1）参加建筑节能工程验收的各方人员应具备相应的资格，其程序和组织应符合下列规定。

① 节能工程检验批验收和隐蔽工程验收应由专业监理工程师组织并主持，施工单位相关专业的质量检查员与施工员参加验收。

② 节能分项工程验收应由专业监理工程师组织并主持，施工单位项目技术负责人和相关专业的质量检查员、施工员参加验收；必要时可邀请主要设备、材料供应商及分包单位、设计单位相关专业的人员参加。

③ 节能分部工程验收应由总监理工程师主持，施工单位项目负责人、项目技术负责人和相关专业的负责人、质量检查员、施工员参加验收；施工单位的质量、技术负责人应参加验收；设计单位项目负责人及相关专业负责人应参加验收；主要设备、材料供应商及分包单位负责人应参加验收。

（2）建筑节能工程的检验批质量验收合格，应符合下列规定。

① 检验批应按主控项目和一般项目验收。

② 主控项目应全部合格。

③ 一般项目应合格；当采用计数检验时，至少应有 80% 以上的检查点合格，且其余检查点不得有严重缺陷。

④ 应具有完整的施工操作依据和质量检查验收记录，检验批现场验收检查原始记录。

（3）建筑节能分项工程质量验收合格，应符合下列规定。

① 分项工程所含的检验批均应合格。

② 分项工程所含检验批的质量验收记录应完整。

（4）建筑节能分部工程质量验收合格，应符合下列规定。

① 分项工程应全部合格。

② 质量控制资料应完整。

③ 外墙节能构造现场实体检验结果应符合设计要求。

④ 建筑外窗气密性能现场实体检测结果应符合设计要求。

⑤ 建筑设备系统节能性能检测结果应合格。

（5）建筑节能工程验收资料应单独组卷，验收时应对下列资料进行核查。

① 设计文件、图纸会审记录、设计变更和洽商。

② 主要材料、设备和构件的质量证明文件，进场检验记录，进场复验报告，见证试验报告。

③ 隐蔽工程验收记录和相关图像资料。

④ 分项工程质量验收记录，必要时应核查检验批验收记录。

⑤ 建筑外墙节能构造现场实体检验报告或外墙传热系数检验报告。

⑥ 外窗气密性能现场实体检测报告。

⑦ 风管系统严密性检验记录。

⑧ 现场组装的组合式空调机组的漏风量测试记录。

⑨ 设备单机试运转及调试记录。

⑩ 设备系统联合试运转及调试记录。

⑪ 设备系统节能性能检验报告。

⑫ 其他对工程质量有影响的重要技术资料。

典型案例8-5解析

【典型案例 8-5】

某学校活动中心工程，在建筑节能分部工程验收时，由施工单位项目经理主持，施工单位的质量、技术负责人以及相关专业的质量检查员参加，总监理工程师认为该验收主持及参加人员均不满足规定，要求重新组织验收。

问：节能分部工程验收应由谁主持？还应有哪些人员参加？

巩固练习

1. 简述建筑围护结构节能分项工程的划分及其主要的检验内容。

2. 墙体节能工程采用的保温材料和粘结材料等，进场时应对哪些性能进行复验？

3. 墙体节能工程的施工应符合哪些规定？

4. 幕墙节能工程使用的材料、构件等进场时应对其哪些性能进行复验？

5. 建筑外门窗工程的检验批应如何划分？

6. 建筑外窗进入施工现场时应按地区类别对其哪些性能指标进行复验？

7. 屋面节能工程施工质量检验的主控项目包括哪些？

8. 地面节能工程的施工质量应符合哪些规定？

9. 外墙节能构造的现场实体检验应采用什么检验方法？其检验的目的是什么？

10. 建筑节能工程的检验批质量验收合格应符合哪些规定？

11. 建筑节能分部工程质量验收合格应符合哪些规定？

在线自测

项目8在线自测

Reference | 参考文献

［1］中华人民共和国住房和城乡建设部. 建筑工程施工质量验收统一标准：GB 50300—2013. 北京：中国建筑工业出版社，2014.

［2］中华人民共和国住房和城乡建设部. 建筑与市政工程施工现场专业人员职业标准：JGJ/T 250—2011. 北京：中国建筑工业出版社，2012.

［3］中华人民共和国住房和城乡建设部. 建筑地基基础工程施工质量验收标准：GB 50202—2018. 北京：中国计划出版社，2018.

［4］中华人民共和国住房和城乡建设部. 混凝土结构工程施工质量验收规范：GB 50204—2015. 北京：中国建筑工业出版社，2015.

［5］中华人民共和国住房和城乡建设部. 砌体结构工程施工质量验收规范：GB 50203—2011. 北京：中国建筑工业出版社，2012.

［6］中华人民共和国住房和城乡建设部. 建筑装饰装修工程质量验收标准：GB 50210—2018. 北京：中国建筑工业出版社，2018.

［7］中华人民共和国住房和城乡建设部. 建筑外墙防水工程技术规程：JGJ/T 235—2011. 北京：中国建筑工业出版社，2011.

［8］中华人民共和国住房和城乡建设部. 建筑地面工程施工质量验收规范：GB 50209—2010. 北京：中国计划出版社，2010.

［9］中华人民共和国住房和城乡建设部. 屋面工程质量验收规范：GB 50207—2012. 北京：中国建筑工业出版社，2012.

［10］中华人民共和国住房和城乡建设部. 建筑节能工程施工质量验收标准：GB 50411—2019. 北京：中国建筑工业出版社，2019.